绿色水产养殖典型技术模式丛书

陆基工厂化循环水养殖
技术模式

LUJI GONGCHANGHUA XUNHUANSHUI YANGZHI
JISHU MOSHI

全国水产技术推广总站 ◎ 组编

中国农业出版社
北京

丛书编委会

本书编写人员

丛书序
Preface

....

　　绿色发展是发展观的一场深刻革命。以习近平同志为核心的党中央提出创新、协调、绿色、开放、共享的新发展理念，党的十九大和十九届五中全会将贯彻新发展理念作为经济社会发展的指导方针，明确要求推动绿色发展，促进人与自然和谐共生。

　　进入新发展阶段，我国已开启全面建设社会主义现代化国家新征程，贯彻新发展理念、推进农业绿色发展，是全面推进乡村振兴、加快农业农村现代化，实现农业高质高效、农村宜居宜业、农民富裕富足奋斗目标的重要基础和必由之路，是"三农"工作义不容辞的责任和使命。

　　渔业是我国农业的重要组成部分，在实施乡村振兴战略和农业农村现代化进程中扮演着重要角色。2020年我国水产品总产量6 549万吨，其中水产养殖产量5 224万吨，占到我国水产总产量的近80%，占到世界水产养殖总产量的60%以上，成为保障我国水产品供给和满足人民营养健康需求的主要力量，同时也在促进乡村产业发展、增加农渔民收入、改善水域生态环境等方面发挥着重要作用。

　　2019年，经国务院同意，农业农村部等十部委印发《关于加快推进水产养殖业绿色发展的若干意见》，对水产养殖绿色发展作出部署安排。2020年，农业农村部部署开展水产绿色健康养殖"五大行动"，重点针对制约水产养殖业绿色发展的关键环节和问题，组织实施生态健

康养殖技术模式推广、养殖尾水治理、水产养殖用药减量、配合饲料替代幼杂鱼、水产种业质量提升等重点行动，助推水产养殖业绿色发展。

为贯彻中央战略部署和有关文件要求，全国水产技术推广总站组织各地水产技术推广机构、科研院所、高等院校、养殖生产主体及有关专家，总结提炼了一批技术成熟、效果显著、符合绿色发展要求的水产养殖技术模式，编撰形成"绿色水产养殖典型技术模式丛书"（简称"丛书"）。"丛书"内容力求顺应形势和产业发展需要，具有较强的针对性和实用性。"丛书"在编写上注重理论与实践结合、技术与案例并举，以深入浅出、通俗易懂、图文并茂的方式系统介绍各种养殖技术模式，同时将丰富的图片、文档、视频、音频等融合到书中，读者可通过手机扫描二维码观看视频，轻松学技术、长知识。

"丛书"可以作为水产养殖业者的学习和技术指导手册，也可作为水产技术推广人员、科研教学人员、管理人员和水产专业学生的参考用书。

希望这套"丛书"的出版发行和普及应用，能为推进我国水产养殖业转型升级和绿色高质量发展、助力农业农村现代化和乡村振兴作出积极贡献。

丛书编委会

2021 年 6 月

前 言
Foreword

■■■

　　"栉风沐雨七十载，筚路蓝缕砥砺行"，新中国成立以来水产业快速发展，2021年全国水产品养殖产量5394万吨，约占全世界的70%。但我国水产养殖业在发展过程中也暴露出养殖水域污染严重、养殖风险大、效率低、病害多等问题，同时资源与环境的硬性约束也对传统水产养殖业提出了转型发展的要求。随着国家十部委《关于加快推进水产养殖业绿色发展的若干意见》的出台，推广应用可持续的水产养殖业新模式成了行业长期发展的必然选择。

　　陆基工厂化循环水养殖（Recirculating Aquaculture System，RAS），又被称为工厂化循环水养殖、工业化养殖等。该模式以节水节地、环境可控、品质易控、单产高、风险低、利于自动化生产、标准化作业、尾水集中处理、降低劳动负荷、可复制推广而受到政府、企业的高度重视，是水产业绿色发展的重要方向之一，发展潜力巨大。

　　国外工厂化养殖始于20世纪60年代，技术基础源于水族馆，发展趋势是规模化、自动化、高集约化程度的工业化生产模式。陆基工厂化循环水养殖于80年代引入我国，"风雨兼程四十载，春华秋实谱新篇"，追溯过去的40年，陆基工厂化循环水养殖主要经历了开拓、探索、整合和快速发展四个阶段，实现了"全季节""反地域"及"陆—

海接力"的养殖生产。经过广大科研人员和行业企业、从业者的集体努力，行业步入了蓬勃发展时期。今天的陆基工厂化循环水养殖已经有了较为完善的理论为依托，有较为先进的国产技术装备做支撑，有较为成熟的养殖工程案例可遵循，有新兴的产业技术可推广，有广阔的产业空间和市场可开拓。

尽管陆基工厂化循环水养殖理念已广泛传播，但该模式在我国仍处于初级阶段，总体规模较小、发展较慢。相比养鸡、养猪等其他农牧业的高度工厂化养殖产业进展，陆基工厂化循环水养殖还有很多的技术推广工作要开展。

恰逢全国水产技术推广总站贯彻中央战略部署，着眼水产养殖业绿色发展，组编"绿色水产养殖典型技术模式丛书"，陆基工厂化循环水养殖作为水产养殖业新模式受到重视，作为丛书之一出版机会非常难得。本书组织全国各地水产技术推广机构、科研院所、高等院校、养殖生产企业及有关专家，从易于理解、利于实践角度出发，结合行业的发展经验，凝练了陆基工厂化循环水养殖的发展历程，涵盖本模式系统构建的各主要技术环节，从系统构建理论、规划设计、系统各功能设计、养殖案例方面，形成了"理论→设计→应用"的完整串联，编成一本兼具专业性与科普性、理论性与实践性的工具书。本书既可以作为养殖专业技术人员、管理人员的参考书，也可作为高等院校水产养殖及相关专业学生学习的教材。本书的出版正值产业技术日新月异、产业推广方兴未艾的千载难逢发展机遇，相信本书一定能为我国水产养殖业转型升级和产业应用做出积极贡献。

本书的编写得到了浙江大学、中国海洋大学、上海海洋大学、大连海洋大学、广东海洋大学、宁波大学、中国水产科学研究院黄海水产研究所、中国水产科学研究院渔业机械仪器研究所、中国科学院半导体研究所、中国科学院海洋研究所、福建省水产研究所、广东省大亚湾水产试验中心、青岛通用水产养殖有限公司、莱州明波水产有限公司、青岛蓝粮海洋工程科技有限公司、南通齐益农业科技发展有限公司、青岛明赫渔业工程科技有限责任公司、浙江恒泽生态农业科技有限公司、博尚智渔（青岛）海洋科技工程有限公司、山东东方海洋科技股份有限公司、大连富谷水产有限公司、青岛海兴智能装备有限公司、大连天正水产有限公司、天津市海发珍品实业发展有限公司、东营海容新材料有限公司的大力支持，在此一并致谢！

本书编写过程中也参阅了国内外有关文献和相关书籍，在此表示诚挚的谢意！

限于编者水平和视野，加之时间仓促，书中不当之处在所难免，恳请读者批评指正。

编 者

2022 年 8 月

目 录
Contents

∎∎∎

第一章

陆基工厂化循环水养殖技术模式概述

第一节　陆基工厂化循环水养殖技术模式的概念及特征

一、陆基工厂化循环水养殖技术模式的概念

（一）陆基工厂化循环水养殖技术模式的定义

循环水养殖系统（Recirculating Aquaculture System，RAS）是指通过物理（固液分离、泡沫分离、温度调控、气液混合等）、化学（臭氧消毒及氧化、紫外消毒、离子交换、物化吸附等）、生物（各种类型的硝化/反硝化生物过滤器、藻类/大型水生植物等）等技术手段实现养殖废水的净化及重复利用，使养殖对象能在高密度养殖条件下，自始至终地维持最佳生理、生态状态，从而达到健康、快速生长和最大限度地提高单位水体产量和质量，且不产生内外环境污染的一种高效养殖装置及设施。陆基工厂化循环水养殖技术模式是在陆地上以循环水养殖系统为核心装置，开展工厂化集约式养殖的一种养殖模式。该模式具有养殖设施设备先进、管理高效、养殖环境可控、养殖生产不受地域空间限制、养殖产量高、可保障产品质量安全和均衡上市，以及社会、经济和生态效益良好等特点，是现代水产养殖业的主要发展方向，也是实现水产养殖业绿色可持续发展的有效方式之一。

（二）陆基工厂化循环水养殖技术模式的主要工艺环节

陆基工厂化循环水养殖技术模式主要运用工程技术和生物技术手段为养殖对象创造良好的生存环境，并结合科学饲养，达到优质、高产和高效的目的。其中，技术装备主要围绕养殖水质的调控展开，典型的陆基工厂化循环水养殖系统的处理单元包含悬浮颗粒物去除（机械过滤）、气体控制（氧气供应，二氧化碳去除）和生物处理（生物过

滤的氨硝化反应和消毒）等（图 1-1）。

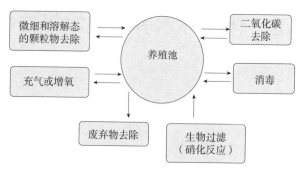

图 1-1　封闭循环水养殖系统单元组成

1. 固体废弃物的去除

一般传统的静水养鱼塘中，每年自净后的沉积淤层厚度有 10 厘米之多，高密度养鱼的单位密度相对要高，产生的固体废弃物量更大，其中包括鱼类残饵及其他纤维素、条块状杂物，其颗粒大小分布范围广，大部分颗粒直径在 0.02~1 毫米，密度小于 1.1 克/厘米^3，有机物含量占 80% 左右，高密度养殖的循环系统首先要将其及时清除，这样才能减轻后续环节负荷和防止堵塞。比较有效的是采用固体颗粒和悬浮溶质二步法去除，相应的装置是过滤器和泡沫分离器。

2. 水溶性有害物质去除

固体废弃物去除后，循环系统中的水溶性物质主要以"三氮"的形式存在。氨态氮（NH_3-N）的毒性很强，它能通过鳃和皮肤很快进入血液，干扰鱼体正常的三羧酸循环，改变鱼体渗透压并降低鱼体对水中氧的利用能力，影响鱼类生长；亚硝酸盐（NO_2-N）能迅速渗入鱼体，使血液中和氧结合的亚铁血红蛋白失活，成为铁血蛋白，从而失去携氧功能，严重时危及生命；一般认为硝酸盐（NO_3-N）无毒或毒性很小，近来研究表明，浓度高时也会使鱼体色变差，肉质下降。采用生物膜技术处理的装备主要有浸没式生物过滤罐、滴流滤槽和水净化机等。

3. 杀菌消毒

杀菌消毒是养殖水处理中的重要环节。致病菌和条件致病菌不仅要消耗大量的氧气，在一定条件下还会引发鱼病。常用的消毒设备有：臭氧发生器、紫外线杀菌器以及臭氧、负离子组合装置等。

4. 增氧和控温

高密度养殖系统中，鱼池、生物过滤均需要大量氧气，装备较多采用罗茨鼓风机和旋涡式气泵。另外，因高溶氧养殖的良好效果，纯氧、液态氧和分子筛富氧装置（纯度达到90%以上）也逐渐得到推广应用。为提高氧气的利用率，使水体溶氧达到饱和或过饱和，一般采用高效气水混合装置，其采用射流、螺旋、网孔扩散等气水混合技术，并串联内磁水器，通过洛伦兹力作用，使水气分子变小，更易混合，同时有杀菌、防腐作用。

二、陆基工厂化循环水养殖技术模式的特征

（一）劳动条件好、劳动生产率高

与传统的池塘养殖相比，陆基工厂化循环水养殖环境可控、自动化程度高，养殖周期缩短1/4～1/3，单位面积产量比池塘养殖提高200%～400%，养殖用水量减少80%以上，并且不污染环境，产品质量高度可控且能实现可追溯等。

（二）适温养殖

水产经济动物属于变温动物，其新陈代谢（包括摄食数量、饲料消化吸收率、能量代谢等）受温度影响显著。在非最适温度期间，其代谢强度明显下降，从而其生长速率降低。在传统养殖过程中，水产经济动物在一年中真正的快速生长时期并不长，进而造成水产经济动物养殖周期过长。因此，温度是其实现快速生长的最大限制因子。陆基工厂化循环水养殖可以人工控制养殖环境温度，保证水产经济动物在其最佳生长温度下生长，饲料系数低，生长快，从而缩短养殖周期。

（三）变境养殖

已有研究与生产实践表明，鱼类在变化的环境中生长，生长速度可快2倍，而饲料系数下降1/3。如果每天多次改变水温（在最适温度内）、盐度、溶氧、光照等，呼吸量就会下降，血红蛋白增加，饲料系数降低1/2。陆基工厂化循环水养殖过程中温度、盐度、溶氧、光照等环境条件高度可控，可以保证水产经济动物在其最佳环境条件下生长，从而降低饲料系数，提高其生长速率。

（四）高氧养殖

鱼类在水中溶氧达到饱和或过饱和时，饲料系数最低，生长最快，

高氧还可防治鱼病。如鲤在溶氧为 3.8 毫克/升时饲料系数为 8，而在 17 毫克/升时为 2.3；草鱼在溶氧为 2.3 毫克/升时，饲料系数为 5.5，而在 5.5 毫克/升时为 1.0。国外高密度养鱼都用富氧、液氧、纯氧增氧，使水中溶氧达到饱和或过饱和来提高生产效率。陆基工厂化循环水养殖通过制氧机、液氧等装置和设备调控水体溶氧，并实现溶氧实时监测，可以保证水产经济动物在其最佳溶氧条件下生长，从而提高其生长速率。

第二节　陆基工厂化循环水养殖技术模式的发展现状

一、陆基工厂化循环水养殖技术模式的国外发展现状

国外自 20 世纪 60 年代起，在工厂化循环水养殖系统的装备及养殖技术的研究开发和商业应用方面均取得了长足发展。国际上一些发达国家融生物与工程技术为一体，利用各种技术手段，为鱼类创造最佳生长环境，实现了鱼类生产的高度安全管理，将工厂化水产养殖迅速发展成为现代渔业中具有代表意义的一项高新技术，取得了良好的经济效益和社会效益。循环水工厂化水产养殖以丹麦、瑞典、挪威、美国和日本等国为代表，十分发达。

在欧洲，陆基工厂化循环水养殖技术模式被认为是一个新型的、发展迅速的、技术复杂的行业，通过采用先进的水处理技术与生物工程，引用前沿技术，最高单产可达 100 千克/米³，循环水养殖技术已普及虾、贝、藻、软体动物的养殖。欧洲自 1998 年开始实施的"蓝色标签"（Blue Label）工程提高了养殖污水排放的标准，进一步推动了陆基工厂化循环水养殖技术模式在欧洲的发展和应用。绝大多数养殖企业的苗种孵化和养成均采用循环水工艺，越来越多的海水和淡水循环水养殖模式在欧洲各地得以成功实践。在丹麦，有超过 10% 的鲑鳟养殖企业正积极把流水养殖改造为循环水养殖，以达到减少用水量和利用过滤地下水减少病害的目的；在法国，所有的大菱鲆苗种孵化和商品鱼养殖均在封闭循环水养殖车间进行，鲑的封闭循环水养殖也开始进行生产实践；西班牙的 Aquacria Arousa 大菱鲆养殖场，每年投放苗种 400 000 尾，年产商品鱼 500 吨，养成车间面积 1 885 米²。据不完全统计，目前欧洲的封闭循环水养殖面积约 30 万米²，且发展速度很快。

循环水养殖技术是美国 21 世纪水产养殖的主要技术，美国将工厂化水产养殖列为"十大最佳投资项目"之一。当前在美国最大的循环水养殖企业年产商品鱼 400～1 800 吨，美国的罗非鱼工业化养殖被认为是北美最成功的范例之一，年产 10 000 吨活鱼，几乎全部来自循环水系统。此外，在美国利用循环水系统进行商业化养殖的鱼类主要有罗非鱼、条纹鲈、鲟、大西洋鲑和太平洋鲑、北极嘉鱼、澳洲肺鱼、虹鳟、真鲷、大比目鱼等。

在亚洲，日本政府将陆上闭合循环水产养殖确定为"21 世纪摆脱海洋地理条件限制，在人工环境下高度安全管理，确保日本国民未来蛋白源供应的一大产业"。在这一理念的指导下，日立、松下、三菱、HAZAMA 等大型跨国企业集团将闭合循环水产养殖系统的开发作为 21 世纪产业发展的方向之一，这些企业充分认识到，日本近海海域污染日趋严重，海洋生物资源量在下降，而人们对水产品的消费量却在不断增长，要保证日本国民 21 世纪对水产品的需求，就必须发展陆上闭合循环水产养殖业。目前在日本进行循环水养殖的主要种类是鳗，养殖密度为 20～40 千克/米³，水循环率为 1 小时 1 次，新水补充量根据鳗大小确定，为总水量的 5%～15%。泰国循环水技术主要运用于海水观赏鱼类的养殖业，在陆基养殖中，室内因光照较弱，以微生物净化技术为主；室外因光照较强，以红树、海藻等植物净化技术为主。韩国第一套商业性的封闭循环水养殖系统出现于 1980 年，目前进行循环水养殖的鱼类有罗非鱼、鳗等。

二、陆基工厂化循环水养殖技术模式的国内发展现状

我国的循环水养殖系统研发起步于 20 世纪 70—80 年代。20 世纪 80 年代起，先后从丹麦、日本等国引进成套装备，由于高昂的一次性投入和运行成本，其生产性应用受到制约。21 世纪起，陆基工厂化循环水养殖系统在国内得以成功应用，为促进中国现代渔业发展起到了重要作用。近年来，陆基工厂化循环水养殖水处理系统的稳定性得到加强，设备国产化并达到国外先进水平；鲆鲽类陆基工厂化循环水养殖生态高值饲料技术取得重大突破，成果已产业化。通过对陆基工厂化循环水养殖水处理系统中生物膜的系统研究，突破了制约海水循环水养殖的关键技术"瓶颈"，促进了生物膜法污水处理技术的进一步发

展；集成了工厂化高效养殖关键技术体系，使得陆基工厂化循环水养殖具有环境友好、养殖低能耗和产品无公害的优势。陆基工厂化循环水养殖技术模式在国内逐步得到生产应用，从最初几十平方米的实验室小试，到一个养殖场总水体达 100 000 米^3 的循环水系统的大规模生产应用，不仅代表了国内相关技术的进步，亦表明国内的养殖企业逐渐接受循环水高新技术，并能在水产品价格波动、政府环保政策管控等条件下获得良性发展。据不完全统计，目前国内的封闭循环水养殖面积约有 350 万米^2，有 230 余家养殖企业全部或部分采用封闭循环水技术，其中养殖占 95％以上，育苗不足 5％，主养的种类有大菱鲆、半滑舌鳎、黄条鰤、河鲀、石斑鱼、加州鲈、墨瑞鳕、鲥，以及对虾、方斑东风螺等 20 余个品种。预测未来 5～10 年内，陆基工厂化循环水养殖技术模式面积有望突破 500 万米^2，不仅在养成中大量应用，在亲鱼培育、苗种繁育生产中也逐渐得到应用，养殖种类也将推及刺参、鲍等重要海水养殖生物。

现阶段，陆基工厂化循环水养殖技术模式在生产中得到普遍应用并产生效益，生产应用范围不断扩大，成为主要养殖生产模式，其推广应用不再依靠政府的推动，而成为养殖企业自发的需求，管理技术标准体系基本建立。中国的陆基工厂化循环水养殖技术模式进入了系统整合和稳定发展阶段。与国际先进水平相比，我国在淡水循环水养殖设施技术领域已具有相当的应用水平，反映在系统的循环水率、生物净化稳定性、系统辅助水体的比率等关键性能方面基本达到了国际水准。但是，与日本和美国等发达国家相比，我国在高效、节能、集成化程度高的工厂化养殖设备的研制方面，在工厂化健康养殖技术的开发方面，还有较大差距。

第三节　陆基工厂化循环水养殖技术模式的发展前景

一、陆基工厂化循环水养殖技术模式发展的政府支持

发展陆基工厂化循环水养殖技术模式离不开国家政策、资金的有力支持。从国家"九五"计划开始，国内相关科研院所和多家企业联合完成了国家"863"计划项目"工厂化养殖海水净化和高效循环利用关键技术的研究""工厂化鱼类高密度养殖设施的工程优化技术"及国家

科技支撑计划项目"工厂化养鱼关键技术及设施的研究与开发""工程化养殖高效生产体系构建技术研究与示范""工程化养殖高效生产体系构建技术研究与示范"等重大课题的研究。特别是"十一五"期间，通过国家"863"计划课题"工业化海水成套养殖装备与无公害养殖技术"，"十二五"期间，通过国家科技支撑计划课题"节能环保型循环水养殖工程装备与关键技术研究"等的立项支持，在研究人员的辛勤努力与合作单位的密切配合下，取得了一批创新性成果，提升了海水养殖业的技术水平，带动了工厂化循环水战略性新兴产业的兴起，保护了生态环境，促进了海洋经济的发展和渔民的增收致富，填补了国内在大规模工厂化循环水养殖石斑鱼、半滑舌鳎等方面的空白，引领了工厂化循环水养殖产业的未来发展。2013年国务院印发《关于促进海洋渔业持续健康发展的若干意见》，2016年农业部印发了《关于加快推进渔业转方式调结构的指导意见》；2019年初农业农村部等十部委联合印发了《关于加快推进水产养殖业绿色发展的若干意见》，明确提出，水产养殖绿色发展将是我国今后水产养殖的发展方向，推动工厂化循环水、养殖尾水等环保设施设备研发和推广应用，循环水养殖是养殖产业主推的绿色养殖模式之一。水产养殖的科学布局，养殖模式转型升级，养殖尾水达标排放等均列入水产养殖绿色发展的近期和远期目标中。2021年，农业农村部印发《关于实施水产绿色健康养殖技术推广"五大行动"的通知》，强调各地要依据资源禀赋，加快推进养殖模式转型升级，因地制宜试验推广陆基设施化循环水养殖（工厂化循环水养殖）等生态健康养殖模式。

随着人们对水产品需求的增长以及国家绿色发展的需求，陆基工厂化循环水养殖技术模式以其占用土地、水等资源少，生产过程环境可控、单位水体产量高、排废量少等优点成为今后水产养殖发展的方向和我国政策支持及主推模式，在"十四五"期间将取得更大的发展。

二、陆基工厂化循环水养殖技术模式发展的技术支撑

经过近半个世纪的发展，我国的陆基工厂化循环水养殖技术取得了一系列重要进展①通过集成创新，循环水养殖装备全部实现国产化，关键设备进一步标准化；采用新技术、新材料的净化水质设备的成功研制，大大提高了净水效率，提高了系统的稳定性、安全性，降低了

系统能耗。对重要水处理设备如固体污物分离器（微滤机）、蛋白质泡沫分离器、模块式紫外线消毒器、管道式高效溶氧器、生物滤池等进行了节能改造，在提高设备的水处理能力和处理精度的同时，大大降低了水处理系统的构建成本和运行能耗，制定并完善了固体污物分离器（微滤机）、蛋白质泡沫分离器、模块式紫外线消毒器、管道式高效溶氧器的企业标准。研发了适合对虾工业化养殖的旋分式浮粒颗粒过滤器、移动床生物滤器、低能耗纯氧增氧装置和翻板式推流装置，循环水养殖装备全部实现了国产化。此外，对水处理系统工艺流程进行了优化设计，剔除了高压过滤罐、制氧机等高能耗设备，实现了养殖水在系统内通过一级提水后的梯级自流，设备间的衔接性和耦合性得到显著改善，系统运行更加平稳。②鲆鲽类工厂化循环水养殖生态高值饲料技术取得重大突破，大幅降低死淘率与饲料成本，成果已产业化。在天津某公司循环水养殖车间现场，经过两个周期、18个月的现场饲喂对比实验，结果表明：所研制的生态饲料产品与常规产品比较，养殖水体中有害氮（氨氮＋亚硝氮）量降低 55.2％～68.4％、氨氮降低 31.5％以上；动物消化、免疫机能提高。与国内同类产品比较，增重率提高 37.2％、饲料系数降低 21.6％。③研究了生物膜的微生物种群多样性、阐述了生物膜微生物种群组成及结构的变化规律及其与净化效果的关系，突破了制约海水循环水养殖的关键技术"瓶颈"，促进了生物膜法污水处理技术的进一步发展。④集成了工厂化高效养殖关键技术体系，实现了工厂化循环水养殖的环境友好、养殖低能耗和产品无公害。在项目实施过程中，针对不同养殖对象（石斑鱼、半滑舌鳎、凡纳滨对虾、刺参）、不同养殖模式（流水养殖、循环水养殖）制定了严格的技术规范和企业标准，特别是在循环水养殖的鱼病防治研究中，取得了系列突破，确立了循环水养殖鱼病防治三原则，并制定出了严格的技术规范：一是通过选择高质量苗种和高品质饲料，定时在饲料中添加维生素、多糖等营养调控措施，减少鱼的应激反应，增加鱼体免疫抵抗力。二是防止病原进入养殖系统，减少鱼的染病机会。在养殖过程中，严格做好水、饵料、养殖池、鱼体、操作者、工具等的消毒，防止病原体进入养殖系统。三是改善养殖系统的水环境，提高鱼类生长的环境条件。在养殖过程中，通过使用水质调控、微生物调控技术，明显改善了养殖环境。

三、陆基工厂化循环水养殖技术模式发展的产业需求

我国是世界水产养殖第一大国，且养殖产量已占到世界养殖总产量的 70% 以上。当前，我国渔业发展进入了一个关键时期，渔业发展正面临资源、市场、机制、观念等多种因素的交叉制约，在有限的渔业资源条件下，要实现渔业的可持续增长必然要在养殖渔业上寻求发展，增加养殖密度，提高单位水体产量，适当增加可养水域等；然而应用已有的传统养殖技术，已经不能适应我国水产养殖业发展的需求，不能从根本上解决水产品质量下降、养殖环境恶化、疫病肆虐等诸多问题，要实现到 2030 年水产总产量再增加 1 000 万吨目标，必须大力发展高效养殖。传统的开放养殖（池塘养殖、网箱养殖）过程中的残饵和粪便，常作为直接污染源外排，大量无机和有机营养元素如氨氮、磷酸盐、溶解性有机碳和有机颗粒在水体交换中直接进入环境，造成整个养殖水域大环境的恶化，进而引发水质污染、病害滋生、产品的质量和安全无法保障等一系列限制水产养殖业可持续发展的主要问题。可以认为，资源与环境的刚性约束将成为今后长时期制约我国水产业可持续发展的主要因素。

此外，随着养殖规模扩大，养殖种类增多，养殖和苗种繁育产业也迫切需要建立技术先进、稳产高产、低成本、高效益的养殖和繁育成套生产体系与设备，但目前现有的养殖/育苗场设备简陋、生产成本高、生产能力低下、稳定性差，受人为、季节、天气等因素影响大，抗风险能力弱，全行业处于低投入、高成本、资源浪费、污染严重、经济效益波动的恶性状况中。其技术设施落后不仅使该行业业主经营难以为继，而且直接影响到产品品质及养殖效益。采用封闭循环水养殖/育苗系统成套设备经济效益显著，可以提高单位养殖/育苗水体生产能力 3~5 倍，提高生产过程的抗风险能力，降低人为因素干扰和生产对环境的依赖性，可以做到以销选产，防止供求严重失调，保证生产稳定和良好的经济效益。因此，大力开发陆基工厂化循环水养殖技术模式、提升水处理装备水平已成为广大渔民的迫切需求。

在未来，公众和管理部门对水产养殖模式环境影响的监督将日益严格，将迫使水产养殖业改进管理，减少环境影响，提高这一行业的环境可持续性并保证其经济可行性。全球的气候变化将进一步促进水

产养殖生产采用养殖新模式。虽然气候变化对水产养殖的影响还未定性，也无法进行预测。但最近5年，水产养殖业因气候变化引起的气温升高、天气和水资源变化遭受了前所未有的打击，如南方的冻害、台风、降雨和北方的持续干旱等，因此，我们必须改变目前水产养殖业"靠天吃饭"的局面，利用受环境气候变化影响很小的陆基工厂化循环水养殖技术模式来应对气候变暖的影响。

第四节　陆基工厂化循环水养殖技术模式发展的对策建议

一、夯实基础研究，增进多学科协作

我国拥有众多的养殖对象，不同品种具有不同的生长发育特性、生活习性和环境需求，在集约化养殖条件下，关于养殖对象的生理状况、行为学特征和营养需求、物质与能量的平衡、免疫特性等方面的研究严重不足、缺失，系统认识匮乏。陆基工厂化循环水养殖系统的设计、养殖技术工艺、日常养殖管理策略的设定皆需要建立在掌握养殖对象生物学特性、生活习性的基础上。尤其在高密度养殖等条件下，养殖者如果不明晰养殖鱼类所需的养殖环境条件及其调控依据，就无法依据生物行为变化和水环境变化建立精准管理策略，智能化生产及管理体系的构建更是无从谈起。因此，工厂化循环水养殖设备和系统的优化、养殖技术的提升及管理系统的建立与完善，亟须系统开展相关应用基础性研究，研究主要养殖生物在不同密度、水质、水流等条件下的应激理化指标以及生长情况，确定应激养殖环境边界条件和最优生长条件；探明主要品种在高密度养殖条件下的饲料营养标准、投喂周期及其对生长的影响等，为工厂化智能养殖技术工艺体系的构建夯实基础。

高效、智能、精准养殖是我国水产养殖业未来绿色发展的重要方向，将水产养殖物联网、智能控制、大数据技术、机器人与智能装备的研究与研制，与基于养殖生物特性的循环水养殖系统相整合，从而构建陆基工厂化"无人"智能渔场。随着水质监测传感器国产化、信息数据处理智能化和物联网平台的快速发展，把智能化技术成果落实到工厂化养殖模式当中将成为可能。然而必须明确的是，只有在充分

研究和明晰养殖对象生理状况、行为特征及其变化规律、生长曲线、能量收支规律，以及养殖生产过程中水环境变化及调控机理的基础上，才能集成物联网大数据采集与分析，构建养殖对象健康监测与评估、养殖过程管理、水质监控、养殖设备操控等为一体的养殖专家管理系统，构建陆基工厂化"无人"智能渔场，实现智慧渔业的目标。

二、加强核心技术研发，突破"卡脖子"问题

我国陆基工厂化循环水养殖技术模式及养殖技术工艺研究于"十五"初期开始，微滤机、蛋白分离器等循环水设备生产在国内尚处于起步和试制中，设备主要依赖进口。经过20多年的自主研发和技术集成，相关循环水养殖设备逐步实现了国产化，工厂化循环水养殖系统、技术工艺也已建立，并进行了示范推广和产业化应用。

陆基工厂化循环水养殖技术模式面临新常态、新形势下"转方式、调结构"的发展机遇与挑战，急需高端技术和装备提供支撑。高效稳定的渔业装备可进一步减少水产养殖操作中人力成本、能源成本、维护成本，实现精准操作和管理，提高生产效率。至今，我国农机设备技术基础研究缺失，系统稳定性和工作效率不高，装置核心部件和高端产品依赖进口，我国农业产业安全面临重大挑战。全力发展智能化农机装备创造技术，提升农机装备科研实力、缩小技术差距，支撑现代农业发展，保障粮食和产业安全是核心任务。养殖水处理及净化技术工艺是陆基工厂化循环水养殖技术模式的关键。针对养殖水处理的各个环节，传统的循环水养殖系统设备主要包括微滤机、蛋白分离器、生物滤池、臭氧/紫外线杀菌器及增氧装置，分别实现大型颗粒物分离、细小颗粒物去除、将氨氮转化为亚硝酸盐和硝酸盐、消毒杀菌和增氧的功能。虽然上述设备均已国产化，且基本可以满足循环水养殖的需求，但由于国产设备以仿制为主，设备技术性能不足，最突出的表现是运行稳定性差、能耗高，直接影响养殖水处理效率、养殖水环境、养殖承载力、单位产出，最终影响单位养殖成本、生产效益及养殖模式的示范推广。提高设备运行的稳定性、处理效率和降低能耗是设备提质的关键所在。除上述系统设备外，国内配套养殖辅助设备的研制和制造水平与国外的差距更大，国产电脑控制下的定时定量自动投饵系统基本可以满足生产要求，吸鱼泵、分鱼机、数鱼器等可以大

量解放劳动力的自动化机械设备，整机性能差距明显。

三、加强产学研合作，促进成果转化应用

循环水养殖系统是通过不同设备将含有残饵粪便及代谢产物的养殖排水处理成适宜的养殖用水的水处理系统。因此，养殖排水的水质特征、代谢物含量及其变化趋势等决定着系统对水处理各个单元处理能力的特定需求，这也是系统设计和构成的依据。而目前的循环水养殖系统设计多数来源于水处理设备厂家，基本凭经验构建养殖系统，没有充分考虑养殖对象生物学特性、代谢产物特性、系统水处理能力和生产目标等，导致生产运行不稳定、成本高且单位产出低等，无法实现预期目标。此外，循环水养殖生产应针对特定的养殖对象和工厂化养殖系统，基于工厂化养殖系统运行原理，依据养殖对象的生长、摄食、行为和水环境指标变化相互之间的关联分析建立特定的养殖技术工艺，建立包含适宜的生物安保及疾病预警预防系统、合理投喂策略等要素在内的工厂化健康养殖技术工艺标准，从而保障养殖生产过程的良性运转和生产目标的实现。目前许多企业在政策和项目导向下建立循环水养殖系统，缺乏对养殖对象生长及其代谢特征、水质特征变化及其与生物生理行为的关联，以及水环境调控过程的认知，简单地以工厂化流水养殖经验管理循环水养殖生产活动，缺失有针对性、科学的养殖技术工艺，无法实现高效、安全的养殖生产。因此应基于主要养殖品种全生产阶段生产要素特征、养殖技术工艺要素和养殖系统设备要素，将养殖生物学特征、水处理技术、健康养殖技术和养殖系统设备相匹配，构建工厂化绿色养殖生产体系，以实现养殖系统的稳定运行和高效生产。从我国工厂化养殖产业的发展历程来看，相对有针对性且硬件和养殖技术工艺相衔接的养殖系统仅有鲆鲽类和鳗的工厂化养殖，其他均为普适性养殖系统，依赖经验构建硬件养殖系统并进行养殖生产管理。因此，在今后的陆基工厂化循环水养殖系统构建的过程中，应针对特定养殖生物的生长、摄食、行为和水环境指标变化及相互之间的关联分析建立特定的养殖技术工艺，从而提高陆基工厂化循环水养殖技术模式在实际应用中的效益。

第二章

陆基工厂化循环水养殖系统介绍

第一节 系统工艺

陆基工厂化循环水（RAS）养殖模式特点包括：①向外界不排放或少排放富营养化污染物；②养殖用水多次循环处理实现再利用，养殖基本不受外界水质污染的影响。该养殖模式的关键技术为水质净化，涵盖原水处理、养殖用水处理和必要的尾水处理。具体水处理技术包括机械过滤、泡沫分离（气浮）、生物净化、增氧、紫外线消毒等。具体的水处理工艺流程为：养鱼池排放水首先进入弧形筛（机械过滤器）过滤掉水体中的悬浮固体物（主要为鱼体的残饵、粪便、脱落的生物膜），接着进入泡沫分离器去除蛋白质等溶解性有机物及胶体状微小悬浮物，随后进入生物滤器，由微生物的硝化作用去除水体中对鱼类危害极大的氨氮和亚硝酸盐，再经紫外线消毒、增氧机充液氧或空气后，回流进入养鱼池，形成闭合循环（简称"一级提水，两次过滤，部分消毒，充分净化"）。

养殖循环利用工艺流程如图 2-1 所示。

水质净化是封闭式循环水养殖系统运行的关键，融入了水处理、生物学、微生物学等学科原理和技术。RAS 水处理工艺的核心是去除水体有害污染物并保持良好的水质环境如温度、溶解氧和 pH 等。RAS 中常用的水处理工艺从作用机理上主要可分为生物法、物理和化学法三大类。其中，生物法主要有活性污泥法、生物膜法和生物流化床法等；物理法主要有活性炭吸附法、泡沫分离法等；化学法主要有臭氧氧化法、光催化氧化法、电化学氧化法等。例如，在东方海洋大西洋鲑封闭循环项目中，根据养殖生物的营养物需求与代谢、废水污染特

13

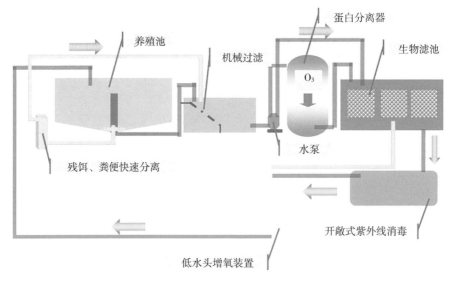

图 2-1 陆基工厂化循环水养殖系统工艺流程

点与负荷、养殖生物对水环境的质量要求、生物滤器功能等特征，循环水系统也综合应用了固液分离技术、泡沫分离技术、生物过滤技术、臭氧水处理技术和紫外辐射消毒技术、增氧技术等，下面对这些水处理技术一一介绍。

（1）固液分离技术（Solid-liquid Separation Technique） 固液分离技术主要是以养殖废水中悬浮固体颗粒物去除为目标的处理技术。按照悬浮颗粒物的特性（密度、颗粒的大小），根据颗粒物分离所使用的手段，又可分为机械过滤和重力分离。其中弧形过滤筛为机械过滤的一种，可对大于 30 μm 的颗粒物进行拦截去除，去除率可在 95% 以上。

（2）泡沫分离技术（Foam Fractionation） 泡沫分离技术是浮选分离技术的一种，常用于海水循环水养殖系统中，这是因为海水的张力相对较高，易通过曝气产生泡沫，而在淡水养殖系统中仅在有机物浓度较高的情况下才使用该技术。泡沫分离器的气源中通常会增加臭氧，兼有消毒和脱色作用。

（3）生物过滤技术（Biofiltration） 生物过滤技术在整个循环水处理系统中起着核心作用。目前循环水处理系统中多用生物膜生物滤器，具有处理效率高、占地面积小、基建及运行费用低、管理方便和抗冲击负荷能力强等特点。

其作用机理是：通过反应器内微生物群体的生物氧化和絮凝作用、颗粒填料的吸附截留过滤作用以及微生物生态系统的食物链分级捕食作用等，高效去除养殖水体中的有机物、悬浮物等，同时相较于活性污泥法，生物膜法更适合水产养殖模式下的硝化细菌生长。近年来，生物滤器在水产养殖废水的脱氮优化研究中被广泛关注。近年来，欧美一些国家对用于水产养殖系统的生物滤器做了很多研究，并获得了一些初步定量技术指标和经验设计参数，见表2-1。

表2-1 生物滤器主要设计与运行参数的标准参考值

设计参数	设计参考值
鱼的总氨氮产出率	日投饵率的3%
鱼的非离子态氨氮浓度最高容许量	0.025毫克/升
鱼的总氨氮浓度最高容许量	1.0毫克/升
生物过滤器的氨氮去除率	200～600毫克/（米²·天）
溶氧需要量与总氨氮量的比值	4.18～4.57

（4）臭氧水处理技术（Ozonation） 臭氧能够有效地氧化和分离有机物和有毒代谢物，且处理后的水含有饱和的溶解氧，有作用快、无二次污染，脱色效果好的特点，在海水养殖用水和养殖尾水处理中得到了广泛的应用，在循环水养殖模式下其通常在泡沫分离器中添加。

（5）紫外辐射消毒技术（UV Disinfection） 紫外辐射（UV）被广泛用于海淡水水产养殖系统中，可杀死病菌，且具有成本低和不产生任何毒性残留的特点。维护得当的紫外辐射消毒装置对弧菌的杀灭率可在99%以上。

（6）增氧技术（Oxygen-Addition Technique） 采用纯氧增氧技术，可以使进水口的溶解氧含量达到110%饱和度；养殖生产中的溶解氧饱和度一般控制在80%～90%。但需要注意的是协调好养殖生物的氧需求，尽量不要出现"醉氧"现象。

第二节 系统污染物种类及新型净化技术

循环水养殖系统（RAS）因其稳定性好、水体自净能力强，可实

现高密度鱼类养殖。而伴随着高密度、高投饵量的养殖方式，系统废水中的污染物处理已然是需要首要关注的问题。RAS中常见的含氮类物质有氨氮、亚硝态氮、硝态氮、溶解性有机氮等，含磷类物质有活性磷酸盐、有机磷等。

氨氮是养殖水体中的主要污染物之一，主要由水体中的残余饵料和养殖对象的代谢产物分解产生。系统中氨氮的积累会损伤表层皮组织和鱼鳃，造成生物酶活系统的紊乱。低浓度的氨氮（>1毫克/升）就会对养殖对象产生一定的毒害作用，特别是其中的非离子氨毒性极大，极低浓度就可对养殖生物造成损伤。环境中氨氮浓度的升高，还会导致水生生物外排氮物质减少，使得生物摄食含氮类物质降低，最终影响生物体的正常生长发育；环境中的高浓度氨氮亦会影响生物体的渗透压平衡，造成生物体内部氧传递能力下降，体内有毒物质无法排出。国内外大部分对养殖水体的处理研究也集中于对水中氨氮的处理。

亚硝酸盐在水产养殖过程中主要是硝化过程或反硝化过程中产生的中间产物，可以通过养殖对象的鳃进入体内，亚硝酸盐会降低血液中血红蛋白的载氧能力，造成生物体缺氧死亡。要注意亚硝酸盐在水体内积累，尤其对于刚运行不久的系统，会对养殖生物产生巨大的毒害作用。

硝酸盐对于鱼类的毒性较小，因此没有明确的浓度限定，但高浓度硝酸盐会影响水产动物成品口感。硝态氮在反硝化过程中还会产生亚硝态氮，毒害养殖生物。有文献报道过硝态氮的积累引发养殖生物生长迟缓和发病等现象。一般认为在养殖鲑过程中，水体中硝酸盐含量应保持在7.9毫克/升以下。因此，在处理养殖水的过程中不能一味地将多种氮转化成硝态氮，应同时兼顾硝态氮的去除。

养殖水体中的溶解性有机氮主要源于残余饵料、养殖对象的排泄物和代谢产物。养殖水体中的溶解性有机氮结构较为简单，可生化性好，容易被微生物利用，可通过一般的生物处理工艺达到较好的去除效果。当水体中有机氮浓度不高时，对水体中生物无太大影响，但当水体中有机氮积累到一定程度，会引起病原菌及有害微生物的大量滋生，使水体恶化，进而导致养殖生物的病害和死亡。

活性磷酸盐在水溶液中的存在形态可能有 PO_4^{3-}、HPO_4^{2-}、$H_2PO_4^-$ 和 H_3PO_4，各部分的相对比例（分布系数）随 pH 的不同而有所差异，可以被藻类、细菌和植物等直接利用，活性磷酸盐对鱼体的直接危害较小，主要会使水体中的藻类、细菌大量繁殖，消耗水中氧气，对鱼体生长造成损害。养殖水体中磷酸盐的去除主要通过化学沉淀法和吸附法。化学沉淀法是向水体中投加化学药剂，通过化学沉析过程形成磷酸盐沉淀，然后通过絮凝、固液分离从水体中将磷去除。吸附法利用吸附剂比表面积大、空隙多的特点，使得污水中的磷在吸附剂表面发生离子交换、配位络合、静电吸附和表面沉淀等反应，从而将磷从水中去除。

总磷是可溶解态磷和颗粒态磷的总和，可溶解态磷在水中又可分为可溶态有机磷和可溶态无机磷，其中可溶态无机磷主要以活性磷酸盐形式存在。颗粒态磷指水体中存在于悬浮颗粒物表面或内部的磷形态，通常难以被生物体直接利用，而颗粒态有机磷主要存在于细胞等生物体组织及生物残体有机碎屑中，颗粒态无机磷主要吸附在悬浮黏土矿物上。对于工厂化循环水，无论是有效去除水产养殖尾水中的磷还是养殖水体中的磷都至关重要，应该结合废水水质特点，选择合适的处理方法。每种除磷方法都有各自的优势与不足，在实际应用的过程中应该扬长避短。

针对水体中各项"营养盐"和颗粒有机物，RAS中也应用了一批次新型水净化技术，以追求污染物的快速、高效去除。

（1）溶解性氮磷盐生物净化技术　活性污泥法是一种以好氧微生物大量繁殖后形成的污泥状絮凝物为主体的生物处理方法，常用于生活污水处理中。王哲等（2014）尝试使用活性污泥法处理海水养殖废水，氨氮、亚硝态氮的去除率均达到90%以上。生物流化床法处理对氨氮去除效率较高（50%～90%），且占地面积小、无须反冲洗，但运行能耗高、操作管理难度较大。柳瑶等（2015）采用生物流化床法处理海水养殖水，发现生物流化床启动完成需要60天；总氨氮转换率高达881克/（米^3·天）。

（2）溶解性氮磷盐物理净化技术　活性炭吸附法去除氨氮主要依靠吸附剂与氨氮发生物理、化学、离子交换吸附3种吸附反应，使氨氮吸附在吸附剂上来达到去除的目的。黄晓婷等（2011）采用生物活性炭吸附法处理养殖循环水，氨氮、亚硝态氮和COD的平均去除率分别为90.9%、90.2%、74.5%，反硝化脱氮效率为65.4%。泡沫分离技

术的原理主要是向水体内中注入一定量空气，利用水中的细小气泡吸附水中的表面活性物质，同时在气泡浮力作用下升至水面并聚集为泡沫，达到对水中溶解物与悬浮物去除的目的。

（3）高级氧化净化技术 臭氧氧化法主要通过 O_3 来破坏和分解细胞的细胞壁（膜）杀死病原菌。O_3 在水中可以分解产生羟基自由基（·OH），而羟基自由基具有强氧化性，可分解部分难降解有机物。Sharrer 等采用 O_3 处理工艺对红点鲑循环水养殖系统进行了灭菌试验，有较好效果。宋奔奔等（2011）采用臭氧氧化法处理大菱鲆海水养殖循环水，通过向系统添加 26 毫克/升 O_3，总氨氮去除率约为 18%，亚硝酸盐去除率约为 8%，杀菌率约为 94%。光催化氧化法的工作原理是利用紫外线或可见光照射具有光催化性能的纳米半导体材料，产生羟基自由基，并与污染物作用发生氧化还原反应，最后生成无污染的 H_2O、CO_2 及其他无机物。金晓杰等（2018）采用纳米 $Fe_2O_3-SnO_2$ 材料，在氨氮初始含量为 50 毫克/升，光照反应时间为 2 小时的条件下，氨氮去除率达 80% 以上。Sandra 等（2020）采用 $GAC-TiO_2$ 复合材料（TiO_2 为光催化剂）实现了对大肠杆菌良好的灭活效果。

第三节　系统模式及工艺流程

一、系统模式

自 20 世纪 60 年代发展至今，循环水养殖模式陆续在各个国家得以应用。使用者根据各自特点不断发展与创新，使其更适合当地情况。从总体看，大致可分为三大类型：

（一）简易型循环水模式

这种模式又称简易水处理大棚型，即以生物净化和调控为主体，养殖水体中的大部分固体杂质和悬浮物可通过微滤机和气浮池去除，随后养殖水体可通过网状生物包、粗净水板、弹性填料、细净水板、滴滤池、pH 调节池、活性填料净水池进行生物净化处理和水质调控，最后经溶解氧池增氧后进入养鱼池循环利用，工程造价较低（图 2-2）。

（二）标准型循环水模式

具有设备精确度高、量化程度高，易操作、易控制，不受外界影

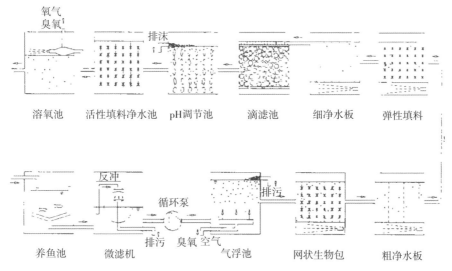

图 2-2　简易型循环水模式

响等特点，养殖水池中排出的水首先通过微滤机去除大颗粒杂质与悬浮物（大于 150 微米），通过气浮池来去除微小悬浮物（大于 50 微米）和有害气体，通过生物净化进行水质调控，同时通过臭氧消毒防治病害，通过与臭氧的联合作用，去除部分重金属离子，在高效溶氧罐中加入纯度大于 90% 的纯氧以提高水中的溶解氧，通过热交换器对水温进行调节，处理后的水又回到养殖池进行循环使用，标准型循环水模式工程造价较适中（图 2-3）。

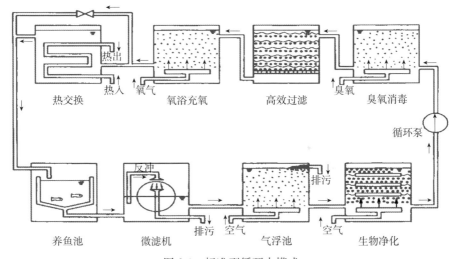

图 2-3　标准型循环水模式

（三）精准型循环水模式

精准型循环水模式具有固液分离、杀菌消毒、生化处理、多重增氧保障等功能，可即时处理养殖粪污，精准调节水体中的溶解氧、pH、氨氮、亚硝酸盐和硝酸盐等指标，确保养殖水质达到最佳，降低养殖病害风险，提高养殖环保水平。恒温系统通过加热控温方式，保持养殖水体全程恒温，在保证鱼体成活率的同时，又实现了全年可持续生产，满足全季市场需求，获取持续收益。相比其他两种循环水模式更加节能、环保，且包含反硝化等养殖尾水处理工艺和单元，更加符合环境友好的要求，但工程造价较为高昂。

该模式的典型流程见图 2-4。

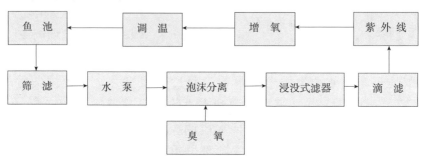

图 2-4　精准型循环水模式的典型流程

近年来，国内外非常重视在高密度循环水养殖工艺流程中增设反硝化脱氮环节，如日本、丹麦等国多次试验了在高密度养鱼水处理系统中并联或串联脱氮槽，取得了明显的效果。一系列的研究表明在循环系统中增设脱氮环节是今后高密度养鱼水处理的发展方向，它可为鱼类创造比以往更好的生态环境，并有利于进一步节水和提高养殖密度，减少投资和运行费用，完全符合当今发展趋势。该项目工艺技术见图 2-5。

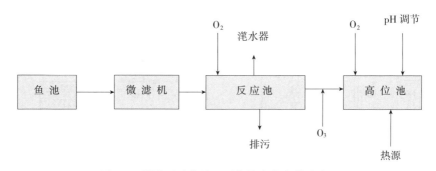

图 2-5　增设反硝化处理环节的高密度养殖流程

二、主要处理过程

鱼池排水经微滤机去除鱼粪、残饵等固体物后进入反应池。反应池注满水后进行曝气，在供氧情况下，填料上的好氧生物膜产生生化反应，其反应式如下：

$$2NH_4^+ + 3O_2 \rightleftharpoons 2NO_2^- + 2H_2O + 4H^+$$
$$2NO_2^- + O_2 \rightleftharpoons 2NO_3^-$$

达到生化要求后，停止曝气进入搅拌和沉淀阶段。由于微生物不断耗氧使溶解氧不断下降至低氧或缺氧状态，进而出现反硝化反应，部分硝酸盐和亚硝酸盐转化成氮气逸出池外，其反应式为：

$$NO_3^- + 5H^+ \rightleftharpoons 1/2\ N_2 + 2H_2O + OH^-$$
$$NO_2^- + 3H^+ \rightleftharpoons 1/2\ N_2 + H_2O + OH^-$$

沉淀后的污水由滗水器输出池外。

生产中，养殖池水大部分（80％～99％）通过循环水管流入蓄水池，增氧后，通过水泵回送入养殖池（图 2-6）；一小部分水（1％～20％总流量）经池底排污管流入初级沉淀池，每次排污时前 3～5 分钟排出的废水（占排污水量的 15％～20％）经水泵抽入与养殖池毗邻的半坡式依托大棚，作为蔬菜种植的营养源，废水经 35 米长、1.2 米宽的水培槽处理后（一般处理 1～2 小时），上部澄清液通过管道流入次级沉淀池；废水经初级沉淀池溢流入次级沉淀池，在次级沉淀池沉淀 15～25 分钟通过溢流管流入蓄水池，通过水泵送入布袋式过滤器；经滤器两级过滤后，视生产要求，或通过水泵进入除泡器处理微细悬浮物，或通过管道流入石英砂滤池；经石英砂过滤后，通过水泵送入生物接触氧化池除去铵盐和亚硝酸盐，曝气处理 6 小时后送入臭氧消毒池消毒；消毒后的养殖水再经一系列处理，经 pH 调节控制后，视生产要求，或送入加温池，用蒸汽加热到允许温度后，增氧送入养殖池，或直接增氧后送入养殖池，完成整个循环处理过程。

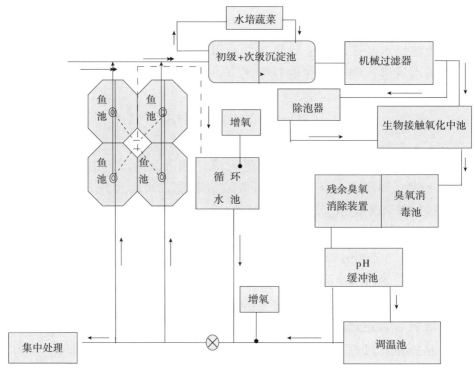

图 2-6　工厂化循环水处理模式及生产流程

第三章

陆基工厂化循环水养殖工程规划与设施设计

陆基工厂化循环水养殖
基地建设（阔海水产）

第一节　陆基工厂化循环水养殖场选址

　　按养殖生物习性的不同，水产养殖业可分为海水养殖与淡水养殖两大类。传统的海水养殖场主要是在沿海地区利用天然的港湾、港汊、滩涂低地或废旧的盐田，通过开挖沟渠、建造拦海大坝和水闸进行围堤建池而形成的海水养殖单元。传统的淡水养殖主要是湖泊养殖、水库养殖、河道养殖、池塘养殖和稻田养殖等，养殖对象主要是淡水鱼类、虾、蟹等。目前，面对水产养殖业在新时期的环保形势和资源集约利用的要求，海水养殖与淡水养殖均走上了转型升级发展之路，陆基工厂化循环水养殖模式成为海水养殖与淡水养殖的重要转型发展方向之一。

　　陆基工厂化循环水养殖作为高投入、高产出的代表性水产养殖模式，投资的精准控制至关重要。前期固定资产投资占陆基工厂化循环水养殖投资的比重较大，因而做好前期的规划论证对节约投资、提高项目经济效益成效明显。

一、选址基本原则

　　①水产养殖场必须符合当地的规划，规模和形式要符合当地社会、经济、环境等发展的需要。

　　②以水产品质量安全为原则，促进水产业规模化、集约化、标准化和产业化发展。

　　③场地选址遵循适用、安全的理念，提倡生态养殖、健康养殖的文明方式，实现无污染养殖、无公害养殖。

④符合节约能源和节约用水的要求，场地建设充分利用地形地貌。

⑤养殖场宜规划为独立的建设场地，符合养殖品种的生产特点。

⑥有丰富可靠的原料供应市场和产品销售（或靠近）市场，减少物流运输环节。

⑦场地有可依托的基础设施，交通方便，电力充沛，排灌方便。

⑧场地应远离集市、车站、桥头、码头、旅游区等嘈杂地段。

⑨有条件的地方可以利用工厂的余热或温泉、地热资源，节约生产成本。

⑩场地选择应考虑火灾、洪灾、海潮、风灾、突发事件和震灾等因素。

⑪场地的选择应有利于分期建设，为构建养殖、加工、旅游三产融合的全产业链体系预留发展空间。

二、选址因素

影响项目选址的主要因素有自然环境因素和基础条件因素，不同因素随建设项目变化可能产生不同的影响，因此不同项目选址有不同侧重。

（一）自然环境因素

自然环境因素包括自然资源条件和自然条件。养殖工程自然资源条件包括地热资源、水资源、土地资源、能源、海洋资源等，自然条件包括气象条件、地形地貌、工程地质、水文地质等。

1. 自然条件

新建、改建养殖场要充分考虑当地的水文、水质、气候等因素，根据当地的自然条件决定养殖场的建设规模、建设标准，并选择适宜的养殖品种和养殖方式。

在规划设计养殖场时，要充分勘查了解规划建设区的地形、水利等条件，有条件的地区可以充分考虑利用地势自流进排水，节约动力、节约成本。规划建设养殖场时还应考虑洪涝、台风等灾害因素的影响。

北方地区在规划建设水产养殖场时，需要考虑寒冷天气、冰雪等对养殖设施的破坏，在建设渠道、护坡、路基等设施时应考虑防寒、抗冻等耐久性措施。南方地区在规划建设养殖场时，要考虑夏季高温天气对养殖设施的影响。

2. 水源、水质条件

新建养殖场要充分考虑养殖用水的水源、水质条件。水源分为地面水源和地下水源，无论哪种水源，一般应选择在水量丰足、水质良好的地区建场。水产养殖场的规模和养殖品种要结合水源情况来决定。采用海水、河水或水库水作为养殖水源，要考虑设置防止野生鱼类进入的设施，以及预防周边水环境污染可能带来的影响。使用地下水作为水源时，要考供水量是否满足养殖需求，一般要求在5～10天内能够把养殖系统注满。

选择养殖水源时，还应考虑工程施工等方面的问题，利用海水作为水源时尽量考虑利用自然潮差进行灌排，利用河流作为水源时考虑是否需要筑坝拦水，利用山溪水流时考虑是否需要建造沉砂排淤等设施。水产养殖场的进水口应建到上游部位，排水口建在下游部位，防止养殖场排放水流入进水口。

养殖用水的水质必须符合《渔业水质标准》规定，对于部分指标或阶段性指标不符合规定的养殖水源，应考虑建设源水处理设施，并计算相应设施设备的建设和运行成本。

（二）基础条件因素

陆基工厂化循环水养殖场开展现代化、设施化、信息化的高效水产养殖生产，对基础条件提出了更高的要求。

1. 交通运输因素

包括当地的铁路、公路、水路、空运等运输设施及能力。

在养殖场（厂）选址中，当地良好的公路网络体系可以减少养殖场对连接道路等基础设施的投入，为养殖场与外界的联系提供极大的便利条件且降低日常生产成本，利于生产物资的便捷运输与产品的市场对接。此外，交通条件对科普教育、餐饮、观光旅游等养殖产业链的延伸发展有重要影响。

2. 市场因素

市场包括产品销售市场、原材料市场、动力供应市场。场（厂）址距市场的远近，不仅直接影响项目的效益，也关系到产品或原料的可运性，在一定程度上影响产品或原料种类选择，进而间接影响项目的成本与效益。

由于中国人的消费习惯偏好鲜活水产品，因而市场因素对水产养

殖业的影响尤其重要。

3. 劳动力因素

劳动力因素包括劳动力市场与分布、劳动力资源、劳动力素质、劳动力费用等。劳动力因素与生产成本、劳动效率、产品质量密切相关，会影响项目高新技术的应用和投资者的信心。

4. 社会和政策因素

社会和政策因素包括地区分类和市县等别，经济社会发展的总体战略布局，发展区域特色经济政策。

建设项目对公众生存环境、生活质量、安全健康带来的影响及公众对建设项目的支持或反对态度，都影响着项目的场（厂）址选择。

5. 集聚因素

地区产业的集中布局程度，反映了拟选地区的经济实力、行业集聚度、市场竞争力、发展水平、协作条件、基础设施、技术水平等。集中布局能带来集聚效应，实现物质流和能量流综合利用，能有效地减少生产成本、降低费用。集中布局，使得大型公用工程设施的建设成为可能，能最大限度地降低水、电、气成本，利于"三废"的综合治理，提高环境友好水平等。集聚效应会带来大型化、集约化和资源共享，节约建设投资，减少建设周期。但同时水产养殖业也具有其独特的特点，要避免养殖的高度集中，以免带来自然资源、市场等的过度开发与竞争。水产养殖业的集聚度应兼顾地区环境容量、市场容量与资源共享需求控制在合理水平。

此外，项目选址还可能受到人文因素的影响，包括拟建项目地区民族的文化、习俗等。

三、养殖场（厂）址方案比选

建设项目场（厂）址方案选择，是指根据国家生产力布局或行业规划、区域规划、流域规划、城乡规划等的要求，结合拟选项目的性质、功能、条件要求等，对建设地址或地点进行比选。

建设方案的场（厂）址是项目决策的重要内容，直接影响项目的生产、经营和效益。因此，必须根据建设项目的特点和要求，对场（厂）址进行深入细致的调查研究，多点、多方案比较后再择优选定场（厂）址。

（一）比选内容

1. 建设条件比较

场（厂）址的建设条件包括地理位置、土地资源、地势条件、工程地质条件、土石方工程量条件、动力供应条件、资源及燃料供应条件、交通运输条件、生活设施及协作条件等。

2. 投资费用比较

水产养殖场需要有良好的交通、电力、通信、供水等基础条件。新建、改建养殖场最好选择在"三通一平"的地方建场，如果不具备以上基础条件，应考虑这些基础条件的建设成本。

投资费用包括场地开拓工程、建构筑物工程、运输工程、动力供应及其他工程等费用。

3. 运营费用比较

主要包括不同场（厂）址下原材料成本、燃料运输费、产品运输费、动力费、排污费和其他运营费用方面的差别。如不同场（厂）址的资源条件带来的运营费用差别，原料与产品的运输方案带来的运输费用差别，不同场（厂）址所在地公用工程的供应方式（有无变压器等）和价格不同带来的运营费用差别等。

4. 环境保护条件比较

环境保护条件包括场（厂）址位置与城镇规划关系、与风向关系、与生态保护关系、与公众利益关系等。

5. 场（厂）址的安全条件

建设场（厂）址应位于政府批准的规划区域内，应当对拟建场（厂）址进行安全条件论证。主要包括场（厂）址地理位置、对周边环境的影响、周边环境对建设项目的影响和建设条件对建设项目的影响。

（二）比选结论（项目选址意见）

通过方案比较，编制选址报告，提出场（厂）址推荐意见。

选址报告包括描述推荐方案场（厂）址概况、优缺点和推荐理由，以及项目建设对自然环境、社会环境、交通、公用设施等的影响。选址方案的位置图应标明道路、水源地、进厂给水管线、热力管线、发电厂或变电所、电源进线、灰渣场、排污口、养殖区、生活区等位置，供主管部门和项目法人决策审批。

在地质灾害易发区内进行的工程建设，在申请建设用地之前必须

进行地质灾害危险性评估，充分考虑地质灾害防治要求。

第二节　陆基工厂化循环水养殖场规划建设

一、规划设计原则与注意事项

（一）基本原则

陆基工厂化循环水养殖场的规划建设应遵循以下原则：

①合理布局。根据养殖场规划要求合理安排各功能区，做到布局协调、结构合理，既满足生产管理需要，又适合长期发展需要。

②利用地形结构。充分利用地形结构规划建设养殖设施，因地制宜、发挥优势。既满足功能需求，又节约建设投资。

③就地取材，因地制宜。在养殖场设计建设中，要优先考虑选用当地建材，从而实现材料来源丰富、取材方便、经济实惠。

④做好土地规划。养殖场规划建设要充分考虑养殖场土地的综合利用问题，实现养殖生产的循环发展。

（二）注意事项

①依据需求，做到长远、整体规划，分期、分阶段投入实施，处理好近期、远期的关系。

②做到规划的先进性、科学性与生产的可操作性、便利性相结合，避免过于超前的无效生产力规划。

二、养殖场（厂）设计规划

（一）场区规划

养殖场地包括生产场地、办公生活场地、绿化场地等，根据待建地块情况对各功能区如主干道路、车间、房、库、进排水系统、电力设施等进行总体布局。

总体上要做到养殖场内交通方便、路面整洁；功能区规划整齐、成片、规范；养殖厂房排列整齐，布局合理；管理房规划统一，具有现代气息，方便养殖工具及物资的存放；生活场所卫生、整洁、美观。

1. 规模

现代水产养殖场宜实施规模化生产。标准化陆基工厂化循环水养殖场连片总面积应在 50 亩 * 以上。陆基工厂化循环水养殖场建设以养殖车间建设为核心内容，生产车间用地面积比例不宜低于 50%；生态空间用地面积比例控制在 10%～20%，附属设施区用地面积比例宜在 10%～15%，道路用地面积比例宜在 15%～20%，行政办公及生活服务设施用地面积比例应小于 7%。

2. 大门

水产养殖场的大门要根据养殖场总体布局特点建设，做到宽敞、简洁、实用，标牌应醒目。大门旁设有传达室。大门内的主干道旁应竖立水产养殖场标示牌、平面示意图，标示牌内容包括水产养殖场介绍、养殖场布局、养殖品种等，平面示意图标明场内布局及各池塘、养殖生产厂房编号等。养殖场门卫房应与场区建筑协调一致，一般在 20～50 米²。

3. 场地、道路

养殖场的场地、道路是货物进出和运输的通道，建设时应考虑较大型车辆的进出，尽量做到货物车辆可以到达每个车间，以满足养殖生产的需要。

养殖场道路包括主干道、副干道、生产道路等，场地包括生产场地、生活办公场地、绿化场地等。

养殖场的主干道宽度控制在 5.0～8.0 米，路面横坡 1.0%～1.5%，纵坡 0.3%～8.0%，转弯半径控制在 12.0 米左右，采用水泥或柏油铺设路面，主干道路两侧应绿化并配置安装路灯。副干道宽度控制在 3.0～5.0 米，路面横坡 1.0%～2.5%，纵坡 0.3%～8.0%，转弯半径控制在 6.0 米左右，采用水泥或碎石铺设路面，两侧配置必要的照明设施，以满足生产车辆通行。

生产区应留有一定面积的场地，以满足生产物资堆放和生产作业需要。办公区、生活区应配建一定比例的场地，以满足停放车辆、开展活动等需要。

4. 建筑

建筑的位置应尽可能居中，有公路直通场部。房屋建筑要经济实用，方便生产和生活，适当留有扩建的余地。

---

* 亩为非法定计量单位，1 亩＝1/15 公顷。——编者注

水产养殖场应按照生产规模、要求等建设一定比例的生产、生活、办公等建筑物。建筑物的外观形式应做到协调一致、整齐美观。生产、办公用房应按类集中布局，尽可能设在水产养殖场中心或交通便捷的地方。生活用房可以集中布局，也可以分散布局。

（1）办公、生活房屋　水产养殖场一般应建设生产办公楼、生活宿舍、食堂等建筑物。生产办公楼的面积应根据养殖场规模和办公人数决定，适当留有扩建余地。办公楼内一般应设置管理、技术、财务、档案、接待办公室以及水质分析与病害防治实验室等。

（2）库房　水产养殖场应建设满足养殖场需要的渔具仓库、饲料仓库和药品仓库。库房面积根据养殖场的规模和生产特点决定。库房建设应满足防潮、防盗、通风等功能。

（3）值班房屋　水产养殖场应根据场区特点和生产需要建设一定数量的值班房屋。值班房屋兼有生活、仓储等功能。值班房的面积一般为 30～80 米^2。

（4）养殖设施　生产区养殖车间、育苗车间宜集中成片布置或连排布置，也可视使用功能、场地条件采取分离式独栋布置。

养殖车间、育苗车间主要由养殖池系统区、水处理核心区、车间内通道和系统运行控制区组成，仓储区、检验区、车间内管理用房等设施可按需求在车间内规划设置。

车间内的养殖设施（或育苗设施）、水处理设施、进排水系统共同构成循环水养殖系统。

车间内部通道设计应符合消防灭火、救灾要求，同时应方便水产品运输和养殖生产操作。车间单元内通道中线应平行于车间定位轴线。

养殖区或车间入口处应设置更衣室及消毒室，工作人员必须通过消毒室进入养殖车间及育苗车间。

（5）其他设施　蓄水池、过滤池、沉淀池、增温池等设施依据实际需要可以合为一体，也可以各自单独设立，其位置应尽量设在全场鱼池的最高点，便于自流，节约能源成本。

（二）养殖车间建设要求

养殖车间是陆基工厂化循环水养殖场的主要建筑，养殖车间建设应遵循投资合理、建筑材料无毒副作用、面积利用率高、工艺布置合理、生产运营方便、运营费用合理、维护费用比较低的总体原则，考虑投资的收益率与投资回收期等经济指标，避免建设"高大上"的厂房，背离养殖生产需要，影响项目经济效益。

养殖车间的建设应找有资质的专业设计院与精通养殖流程的专业技术人员、具有生产实践经验的技术管理人员共同参与，将设计专业技术、养殖工艺技术、生产管理需求有效结合并体现在养殖车间设计建设中，为后续的便捷生产操作创造最大的便利条件。

第三节　水　　泵

水泵在水产养殖上不仅是进水、排水、防洪排涝、水力输送的必要机具，而且在调节水位、水温、水体更新和增氧方面也发挥着重要作用。

一、水泵的分类、类型、型号与原理

（一）水泵分类

水泵具有不同的用途。不同的输送液体介质，不同的流量，不同的扬程范围，则水泵的结构型式、材料也不同。按行业应用范围主要有石油泵、冶金泵、化工泵、渔业泵、矿业泵、电力泵、水利泵、农用泵、园林泵、水族泵等。水产设施工程中的水泵属于渔业泵范畴。

（二）水泵类型

养殖用水泵的种类较多，一般按结构、工作原理和使用环境分为离心泵、轴流泵、混流泵、井用泵和潜水电泵等 5 类（图 3-1）。

图 3-1　养殖用水泵的类型

（三）水泵型号

水泵的型号可用于表明水泵的类型、规格和性能，如扬程、进口直径等。在水泵的铭牌上或产品说明书里，常见到水泵的相关术语和参数。了解相关术语和参数，对掌握水泵的运行规律和正确选择水泵十分重要。与水泵性能相关的技术参数主要有扬程、流量、功率、效率等。

1. 扬程

扬程（H）也叫"水头"，是指水泵能够扬水的理论高度，以米为单位。在一般情况下，以离心泵为例，其扬程以泵轴轴线为界，上下分为两侧。一侧是吸水管把水吸上来，一侧是出水管把水压出去。水泵能把水吸上来的高度叫吸水扬程，用 $H_{吸}$ 表示；水泵能把水压出去的高度叫压水扬程，用 $H_{压}$ 表示。所以水泵铭牌上的扬程（图 3-2）应包括吸水扬程和压水扬程。

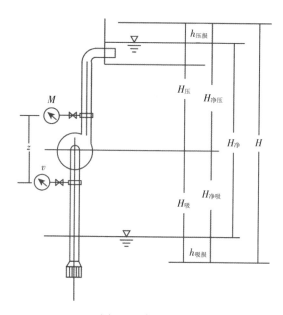

图 3-2　水泵扬程

水泵的扬程从几米到上百米。吸水扬程是确定水泵安装高度的一个重要数据，而吸水扬程一般在 2.5～8.5 米。对于立式轴流泵和潜水泵来说，无吸水扬程。

在选择水泵前，需实际测出净扬程，扬程损失必须按管路布置情况进行估算。如果只按净扬程去确定水泵的扬程，选购的水泵扬程明显偏低，不仅降低水泵的效率，还会常常出现抽不出水的状况。

2. 流量

水泵的流量（Q）又称出水量，它是指水泵在单位时间内能抽出的水量，单位用升/秒或米^3/时表示。

3. 功率

功率是表示水泵机组在单位时间内所做的功，单位为千瓦。水泵的功率可分为有效功率、轴功率和配套（用）功率3种。

（1）有效功率 指水泵水流得到的净功率，用$N_效$表示，它可以用水泵的扬程和流量计算出来：

$$N_效 = \gamma \times Q \times H / 1\,000$$

式中：$N_效$——有效功率（千瓦）；

γ——水的重度（9.8千牛/米^3）；

Q——水泵的流量（米^3/秒）；

H——水泵的扬程（米）。

（2）轴功率 指在一定的流量和扬程下，动力机传给水泵轴上的功率，又称水泵的输入功率，用$N_轴$表示。水泵的有效功率和损失功率之和等于水泵的轴功率。

（3）配套功率 指一台水泵应选配动力机的功率数，用$N_配$表示。配套功率比轴功率多了因传动而损失的功率。为了保证机组能安全运行，配套功率要留有余地，一般不大于10%。

4. 效率

水泵效率（η）反映了水泵对动力利用的情况。通常把有效功率与轴功率的比值叫作水泵的效率，用百分数表示。即：

$$\eta = N_效 / N_轴 \times 100\%$$

水泵效率越高，说明其有效功率越大。铭牌效率是指水泵可能达到的最大效率，一般养殖用泵最高效率在60%～80%，有些大型水泵可超过80%。

5. 转速

转速（n）指水泵每分钟的旋转次数，单位是转/分。养殖用泵的转速，口径较小者为2 900转/分和1 450转/分；口径较大的转速要低，为970转/分或730转/分。水泵只有在规定的转速下工作时，流量、

扬程、功率等才能得到保证。

6. 允许吸上真空高度

允许吸上真空高度表示水泵能够吸上水的最大高度，单位是米。它是用来确定水泵安装高程的一个重要数据。在安装水泵时，应使其净吸水高度加上吸水管路损失的和，小于或等于允许吸上真空高度。

(四) 常见水泵的基本原理

1. 离心泵

水产养殖场常用的是单级单吸离心泵。

(1) 离心泵的工作原理　叶轮的高速旋转会产生离心力，在力的作用下将水提向高处，叶轮不停地转动，水就不断地由进水池被抽送到出水池。

(2) 离心泵的一般特点

①水的流经方向是沿叶轮的轴向吸入，垂直于轴向流出，即进出水流方向互成 90°。

②离心泵靠叶轮进口形成真空吸水，因此在启动前必须向泵内和吸水管内灌注引水，或用真空泵抽气，以排出空气形成真空。

③由于叶轮进口不可能形成绝对真空，因此离心泵吸水高度不超过 10 米，加上水流经吸水管路带来的沿程损失，实际允许安装高度远小于 10 米。

④具有高效节能、安装维修方便、运行平稳、安全可靠等特点。

2. 轴流泵

因水流进入和流出水泵时，都是沿着泵轴方向，所以叫作轴流泵。轴流泵是一种大流量、低扬程的水泵。按照泵轴安装的方式可分为立式、卧式和斜式 3 种。养殖用泵多是小型立式轴流泵。

(1) 轴流泵的工作原理　轴流泵与离心泵的工作原理不同，它主要是利用叶轮高速旋转所产生的推力提水，可把水从下方推到上方。

轴流泵的叶片一般浸没在被吸水源的水池中。由于叶轮高速旋转，在叶片产生的升力作用下，连续不断地将水向上推升，使水沿出水管流出。叶轮不断旋转，水也就被连续压送到高处。

(2) 轴流泵的一般特点

①扬程低 (1～13 米)、流量大、效益高，适于平原、湖区、河区排灌。

②启动前不需灌水，操作简单。

③轴流泵运行时，随流量的变化，扬程、功率、效率等也相应地发生变化。当流量为设计流量时，效率最高。

3. 混流泵

（1）混流泵的工作原理　由于混流泵的叶轮形状介于离心泵叶轮和轴流泵叶轮之间，因而混流泵的工作原理既有离心力又有升力，依靠两者的综合作用，水以一定角度流出叶轮，通过蜗壳室和管路把水提向高处。

（2）混流泵的一般特点

①混流泵与离心泵相比，扬程较低，流量较大；与轴流泵相比，扬程较高，流量较低。

②水沿混流泵的流经方向与叶轮轴成一定角度。

4. 潜水电泵

潜水电泵由水泵和电动机两大部分组成，能潜入水中工作。潜水电泵机泵合一的结构组成，使其具有重量较轻、不需要安装机座、使用方便等优势，因此在养殖上得到广泛应用。

潜水电泵根据电动机所采用的防水技术措施不同，分为半干式潜水电泵、油浸式潜水电泵和湿式潜水电泵。

磁悬浮潜水电泵实现了世界潜水电泵领域的重大突破，有效解决了传统潜水电泵的种种弊端。

二、养殖水泵的选型和配套

（一）水泵的选用原则

1. 适应性原则

养殖水泵主要有离心泵、轴流泵、混流泵等。离心泵扬程较高，但出水量不大。轴流泵出水量较大，但扬程不太高。混流泵的出水量和扬程介于离心泵和轴流泵之间。因而，要根据地理位置、水源和提水高度，因地制宜地选购适用水泵。

2. 经济性原则

配套动力功率与水泵额定功率要匹配。若配电动机，其功率应等于配套水泵所需功率的 1.0～1.3 倍；若配柴油机，其功率应等于配套水泵所需功率的 1.3～1.5 倍。

3. 适当超标原则

由于水流通过输水管和管路附近时会有一定的阻力和损失，水泵铭牌上注明的扬程（总扬程）与使用时的出水扬程（实际扬程）会有一定差别。因此，在实际使用时适当考虑超标原则，按铭牌所标扬程和流量的 80%～90% 估算。水泵铭牌上的扬程最好与所需扬程接近，一般偏差只要不超过 20%，水泵都能在较节能的情况下工作。

4. 有"三证"原则

选购有农业机械推广许可证、生产许可证和产品检验合格证的"三证"产品，避免购置淘汰产品。

5. 标准化原则

选用根据国家 ISO 要求生产、推行的最新型号水泵。此类型水泵具有体积小、重量轻、性能优、易操作、寿命长、能耗低等特点。

（二）水泵的选型和配套

养殖用水泵的型号、规格很多，必须根据使用条件科学选择。如果选用的水泵扬程偏高或流量偏大，不仅购置费用大，而且在使用中效率低、能耗高、浪费大；相反，如果选用的水泵扬程偏低、流量偏小或允许吸上真空高度不够，就满足不了生产的需要，甚至不能工作。

发展养殖水泵的方向是提高效率、降低能耗和充分利用自然能源。用一台大泵代替多台小泵可提高机组效率、节约材料、降低能耗和工程造价，且便于实现自动化管理。因此，各种大型轴流泵和混流泵发展较快，混流泵有取代部分高扬程轴流泵和低扬程离心泵的趋势，在深井提水方面主要发展潜水电泵。

1. 流量 Q 的确定

流量是选择水泵首先要考虑的问题，水泵的流量是根据养殖设施需水量来确定的。

2. 扬程 H 的确定

水泵的扬程要与净扬程 $H_净$ 加上损失扬程 $h_损$ 的和基本相等。净（实际）扬程是指进水池水面到出水池水面（或出水管口中心）之间的高差。

损失扬程看不见也不易测定，一般通过计算求得。损失扬程与管材、管长、管径、管路布置以及水泵流量大小等有密切的关系，计算起来比较复杂。在初选泵型时，可以采用 $h_损 = H_净 \times 0.25$（左右）来估算损失扬程。当扬程低、水泵口径较小、管路较长时，系数可以大于 0.25，反之则可以小于 0.25。

3. 水泵的配套

动力机和水泵配套需要注意两方面的问题：一是功率配套，二是转速配套。

（1）功率配套　一台水泵要用多大功率的动力机去配套，可参考水泵铭牌上标明的配套功率，并按照这个规定去选配合适的动力。

若铭牌上标注的是轴功率，则动力机的配套功率要比轴功率大些，考虑因传动而损失的功率，以及为了保证机组的安全运行，配套功率还应留有余地。一般配套功率为轴功率的 1.5～2.0 倍。

（2）转速配套　转速配套就是动力机按照它的额定转速运转时，带动水泵也在额定转速下运转，即两者都在额定转速下同时运转。当动力机与水泵的转速相同（相差不超过 10%）时，可采用联轴器直接连接。转速不同时，可采用不同直径的皮带轮或其他传动装置（如齿轮传动）经过变速后再配套。

（3）台数选择　正常运转的水泵一般情况只用一台，大泵效率高于小泵，故从节能角度讲可选一台大泵，而不用两台小泵。但当流量很大时，一台泵达不到流量要求，可考虑使用两台泵并联合作。

对于需要有 50% 备用率的大型泵，可改用两台较小的泵工作，两台备用（共四台）。

对于某些大型泵，可选用 70% 流量要求的泵并联操作，不用备用泵，在一台泵检修时，另一台泵承担生产上 70% 的输送。

对需 24 小时连续不停运转的泵，应备用三台泵，一台运转、一台备用、一台维修。

三、循环水养殖水泵选型要求

循环水养殖水泵选型，应适应循环水工艺流程，并符合给排水要求。一般从五个方面考虑，即流量、扬程、液体性质、管路布置以及操作条件。

（1）流量　在设计循环水养殖系统时，会计算泵正常、最小、最大 3 种流量；在选择水泵时，通常以最大流量作为选择的依据。

（2）扬程　扬程是选泵的重要性能数据，泵的扬程大小取决于泵

的结构（如叶轮直径、叶片的弯曲情况、转速等），水泵扬程为提水高度的 1.15～1.20 倍。

循环水养殖系统中，由于设备与水面的距离较近，设备提水高度为 2～3 米，因此一般使用扬程 5～10 米的水泵就可基本满足要求。

（3）液体性质　养殖中传输介质主要是水，依据养殖种类不同主要有淡水和海水两种。尤其是在海水养殖环境中，选择水泵的材质和轴封形式等与淡水养殖环境中有所不同，要注意水泵的防腐功能和使用寿命。

（4）管路布置　装置系统的管路布置条件包括输送高度、输送距离、输送走向、吸入侧最低液面、排出侧最高液面等数据和管道规格及其长度、材料、管件规格、数量等，以便进行系统扬程的计算和汽蚀余量的校核。

（5）操作条件　操作条件的内容很多，如海拔高度、环境温度、间隙还是连续操作、泵的位置是固定的还是可移动的等，选择水泵时都需要予以考虑。

第四节　供排水工程

一、渠道

渠道作为水产养殖设施的重要组成部分，按作用的不同可分为灌水渠与排水渠；按面料的不同可分为土渠、石渠、水泥板护面渠等；按渠道的大小可分为干渠和支渠；渠道又有明渠和暗渠之分：断面较大的多采用明渠，为方便养殖场内交通和减少输水损失，暗渠（包括埋管）的使用越来越多。

（一）渠道线路设计

在引水（或排水）流量一定、渠首一定的情况下，渠道工程的造价就取决于渠道的线路。渠道选线的原则是线路短、工程量小、造价低、自流灌溉面积大、水面漂浮物及有害生物不易进渠、施工容易等。具体有以下几点要求：

①灌水渠应位于场地高处，排水渠应设在场地最低处，以利于自流灌排。

②渠道应尽量采用直线，减少弯曲，缩短流程，力求工程量小、

占地少、水流畅通、水头损失小。

③要尽量避免与公路、河沟及其他管渠交叉，以减少交叉建筑物。在不可避免时，也应结合具体情况，选择工程造价低、水头损失小的交叉设施。

④渠道应避免通过土质松软、渗漏严重的地段，无法避免时应采取砌石护渠或其他防渗措施。

⑤要便于支渠引水。为了选出较理想的渠道，一般要选择几条线路进行技术经济比较，综合考虑，择优选择。

（二）渠道流速设计

设计不当的渠道，常会出现冲刷或淤积现象。渠道允许不冲流速的大小与渠床面材料、糙率、水力半径、水中含沙量以及渠道弯曲程度等有关。具体可参照表 3-1。

表 3-1　渠道不冲流速表

渠床土壤各衬砌条件		不冲流速（米/秒）
土壤类别 （干密度为 1.3～1.7 吨/米³）	轻壤土	0.60～0.80
	中壤土	0.65～0.85
	重壤土	0.70～0.90
	黏壤土	0.75～0.95
衬砌类型	混凝土衬砌	5.0～8.0
	块石衬砌	2.5～5.0
	卵石衬砌	2.0～4.5

冲刷是由于渠道中实际流速大于允许的不冲流速引起的；淤积是由于渠道中实际流速小于允许的不淤流速引起的。因此，在渠道设计中，必须使流速 v 在允许不冲流速（土渠 $v \leqslant 0.7$ 米/秒）和允许不淤流速（土渠 $v \geqslant 0.3$ 米/秒）之间。为减少工程量和加快渠系供水速度，设计中应尽量使设计流速接近渠道的允许不冲流速。渠道允许不淤流速可根据水流含沙情况确定。此外，渠道最小流速还应满足渠道不生杂草的要求，一般应不小于 0.3 米/秒。

渠道流速的设计可参考水利设计中的不冲流速经验公式和不淤流速经验公式。

（三）渠道横断面尺寸的确定

渠道的计算参数选定后，即可通过水力计算确定渠道的底宽 b 和

水深 h。

明渠均匀流公式变换成如下形式：

$$Q = \omega C \sqrt{Ri} = [(b+mh)h] \left(\frac{1}{n}R^{\frac{1}{6}}\right) \sqrt{\frac{(b+mh)h}{b+2h\sqrt{1+m^2}}} i$$

式中：Q——渠道流量（米³/秒）；

ω——过水断面面积（米²）；

C——谢才系数；

R——水力半径（米）；

i——渠道纵坡；

m——边坡系数；

n——糙率。

渠道横断面尺寸的确定，常遇到以下 3 种情况：

①已知 b、m、n、i 和 Q，求水深 h。在实际工作中，常采用试算法，辅以图解，也可用图解法。

②已知 h、m、n、i、Q，求底宽 b。计算步骤与上述相同。

③自选宽深比 β，求 h 和 b。常采用试算法。

(四) 渠道安全超高的确定

渠堤安全超高是为了防止渠中的水从渠堤顶部漫溢，其最小超高值在 0.2~0.3 米。渠堤顶宽 0.5~0.8 米。因此，设计渠深＝水深＋超高。

(五) 渠道防渗

1. 渠道防渗方法

根据是否改变原渠床的土壤渗透性能划分，渠道防渗方法主要分为两类，分别是物理机械法和化学法。前者是通过减少土壤空隙达到减少渗漏的目的，可用压实、抹光等；后者是掺入化学材料以增强渠床土壤的不透水性。

设置防渗层，即进行渠道衬砌，可用混凝土和钢筋混凝土、塑料薄膜、砌石、砌砖、沥青、三合土、水泥土和黏土等各种不同材料。采用防渗措施后，渠道渗漏损失可以减少 50%~90%。混凝土衬砌是一种较普遍的渠道防渗形式，防渗防冲效果好、耐久，但投资较大。

渠道防渗可以减少渠道渗漏、提高水的利用率，可以调控地下水位防止土壤次生盐碱化，减少渠道管理养护费用，减少渠道与渠系建筑物的投资成本，减少渠道管护费用，节约用地面积等。

2. 影响渠道渗水损失的主要因素

（1）黏性土渠道，渗水损失较小；砂性土渠道，渗水损失较大。

（2）断面宽浅，且湿周大的渠道，渗水损失大；断面相同时，水深大的渠道，渗水损失大。

（3）沿渠地下水位低或附近地下水出流条件较好时，渠床渗水损失大；地下水位较高，对渠道渗水有顶托，或地下水位无排泄出路时，渗水损失较小。

（4）新渠渗水损失大；过水时间长的渠道，经多年淤积，渗水损失减少。

（5）渠旁有排水沟，会增加渠床的渗水损失。

二、水闸

（一）水闸的类型

水闸是渠系的一种主要工程设施。按其位置和作用分为：位于渠首的进水闸，将上级渠道中的水量分配到下级渠道的分水闸，控制渠道水位和调节流量的节制闸，用以排放渠道中部分或全部水量的排水闸，用于冲刷闸前或渠道中泥沙的冲沙闸等。按闸室结构划分：闸室上面没有填土的开敞式水闸，它是水闸中最常用的一种结构型式，进水闸、节制闸、排水闸等多用开敞式；闸室上面有填土的封闭式水闸。

（1）进水闸　进水闸多建在渠首，也叫渠首闸。通过进水闸可以控制入渠的水流量，方便进行农业灌溉及水力发电、养殖引水等。

（2）节制闸　这种水闸的修建多数用于拦截河流，所以也叫拦河闸。在枯水期，关闭闸门，起到拦水作用；在洪水期，打开闸门，可以调节下游的泄流量。

（3）排水闸　排水闸多建在江河的沿岸，主要是控制外河与内河的水位，排水闸起到排水和挡水的双重作用。

（二）开敞式水闸

1. 上游连接段

水闸的上游连接段，主要由上游翼墙、铺盖、护坡、护底、上游

防冲槽几部分组成，几部分共同完成防冲、防渗、挡土作用，并可平顺地把上游来水引进闸室。上游来水，在翼墙的引导下，水流平顺进闸，铺盖防止水冲，同时防止渗漏，护坡、护底使河岸和河床免受冲刷，上游防冲槽对护岸头部起到保护作用，防止河床的冲刷向河底扩大。翼墙多采用扭面和"八"字形等形式，一般用浆砌块石或混凝土材料筑成。其主要作用力来自墙背后的土压力，故可按挡土墙设计。护底主要用于土基上，起防渗和防冲作用，其高程一般与闸底板相同或稍低。护底通常用浆砌砖石或混凝土做成。

2. 闸室段

闸室段是水闸的主体部分，主要由底板、闸墩、闸门、工作桥等组成。闸室可分为整体式和分离式两种。整体式闸室多用于土基，闸墩与底板连成整体。在良好的岩基上，多采用分离式闸室，闸墩与底板用缝分开，互不影响。

底板是闸室的基础，将闸室上部构件的全部重量较均匀地传给地基，并依靠它与地基间的摩擦力抵抗水平方向的滑动，以维持闸室的稳定。闸墩把闸室、闸孔分割开来，同时支撑闸门和上面的桥梁。工作桥的作用是安置启闭机及供工作人员启闭、检修闸门。闸门是用来封闭孔口、调节水位和控制流量的设备。

3. 下游连接段

闸室与下游渠道的连接部分，主要包括消力池、海漫和下游防冲槽、下游翼墙及护坡等组成，其作用是对水流进行消能，然后保证出闸室的水能平稳流出。消力池与闸室紧连，主要作用就是消能，可保护水跃范围内的河床免受冲刷，消能后的水流从消力池出来后，就进入海漫，在海漫段余能被消除，流速进一步被调整，在海漫末端连接防冲槽，防冲槽能有效防止水流对海漫末端河床的冲刷并使冲刷不向上游发展。水流经过消能，平稳流过下游连接段，在下游翼墙的导流下，水流均匀扩散，使下游两岸免受冲刷。

（三）封闭式水闸

封闭式水闸的组成与开敞式基本相同，也是由上、下游连接段及闸室构成。封闭式水闸填土下面为一涵洞（管），它的构造和横断面形式与后面将要介绍的涵洞相同，有圆形、拱形及方形等。为了控制出闸流量，在洞前多设置了一道闸门。封闭式水闸闸孔及上、下游连接

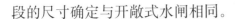

段的尺寸确定与开敞式水闸相同。

三、倒虹吸管

1. 倒虹吸管概述

当渠道与道路、河流、谷地、道路冲沟及其他渠道处于平面交叉时，水流不能按原高程径直通过，因此需要修建一种交叉建筑物，使水流从路面或河沟下穿过，此建筑物通常叫作倒虹吸管。它是两端连接明渠而管身位置较渠底、路基低的压力管道。水流在水位差的作用下，由上游渠道通过倒虹吸管流向下游渠道。倒虹吸管由进口、管身、出口 3 部分组成。

小型倒虹吸管，管身承受的流量较小，压力水头较小（3~5 米），多采用竖井式。

倒虹吸管进口段包括进水口、闸门、拦污栅、渐变段及沉沙池等。进口前是否设沉沙池，应根据河流含泥沙的具体情况来确定。出口部分和下游渠道用渐变段平顺连接。出口段包括出水口、闸门、消力池、渐变段等，布置形式与进口段类似。竖井式倒虹吸管见图 3-3。

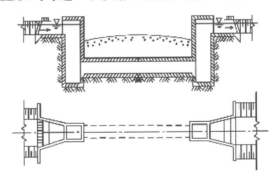

图 3-3　竖井式倒虹吸管

小型倒虹吸管管身断面常用圆形，管身多数用水泥管和铸铁管，少数用陶瓷管。倒虹吸管的管径选择，一般是根据设计流量、允许水头损失情况，参考水利设计手册相关表格确定。

2. 倒虹吸管的一般规定

（1）倒虹吸管形式　有多折型和"凹"字形两种。多折型适用于河面与出水口河滩较宽阔，河床深度较大的情况；"凹"字形适用于出水口河面与河滩较窄，或障碍物面积与深度较小的情况。

（2）敷设条数　穿过河道的多折型倒虹吸管，一般敷设2条工作管道。但近期水量不能达到设计流速时，可使用其中的1条，暂时关闭另1条。穿过小河、旱沟和洼地的倒虹吸管，可敷设1条工作管道。穿过特殊重要构筑物（如地下铁道）的倒虹吸管，应敷设3条管道，2条工作，1条备用。"凹"字形倒虹吸管因易于清通，一般敷设1条工作管道。

（3）管材、管径及敷设长度、深度、斜管角度　倒虹吸管一般采用金属管或钢筋混凝土管。倒虹吸管水平管的长度应根据穿越物的现状和远景发展规划确定，水平管的外顶距规划河底一般不小于0.5米。遇冲刷河床应考虑防冲措施。穿越航运河道应与当地航运管理机关协商确定。

（4）提高倒虹吸管内的流速避免淤积。倒虹吸管内设计流速一般采用1.2～1.5米/秒，应不小于0.9米/秒，也不应小于进水管内流速。当流速达不到0.9米/秒时，应增加定期冲洗措施，冲洗流速不小于1.2米/秒。

（5）倒虹吸管进出水井应布置在不受洪水淹没处，必要时可考虑排气设施。井内应设闸板或门。进水井内应备有冲洗设施。

（6）检查井位于倒虹吸管进水井前，"凹"字形倒虹吸管的进出水井中也应设沉泥槽。

四、涵洞

当渠道与渠道、道路等障碍物相交时，在渠堤或路基下设置输送渠水的建筑物称为涵洞。涵洞是指横贯路基或路堤的小型过水建筑物（引水、泄水和排洪用）。涵洞主要是由洞身、端墙、翼墙、出入口铺墙等组成。对其进行分类主要是按照功能、建筑材料、构造形式、洞顶填土形式、水力性能五个方面进行。按照建筑材料进行分类，可分为钢筋混凝土涵、混凝土涵、石涵、砖涵；按照构造形式进行分类，可分为箱涵、管涵、板涵、拱涵；按照水力性能进行分类，可分为无压涵、半压涵、压力涵。根据养殖工程的实际情况合理选择不同类型涵洞。

洞线应选在地基均匀且承载能力较大的地段。涵洞的布置包括确定结构型式、构造尺寸以及设计高程等。具体布置时，应考虑水流是否顺畅、是否产生淤积和冲刷、是否适应地貌地质条件等。洞内水流的方向应尽可能与洞顶填方渠道或道路正交，以便缩短洞身长度，并尽量与原水道的方向一致。洞底高程，应等于或接近原水道的底部高程，纵坡 1‰～3‰。

涵洞的进出口用以连接洞身及路、堤边坡，使水流平顺通过。洞身用以输水，并承受一定的土压力。涵洞一般不设闸门，有闸门时称为封闭式水闸，即涵闸（图 3-4）。

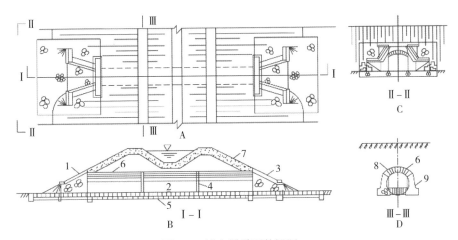

图 3-4　填方渠道下的涵洞

A. 涵洞平面图　B. 涵洞纵断面图（Ⅰ-Ⅰ断面）　C. 涵洞洞口断面图（Ⅱ-Ⅱ断面）

D. 涵洞洞身断面图（Ⅲ-Ⅲ断面）

1. 进口　2. 洞身　3. 出口　4. 沉降缝　5. 砂垫层　6. 防水层　7. 填方渠道　8. 拱圈　9. 侧墙

通过涵洞的水流分为有压流及无压流两种。有压流的水流充满涵洞的整个过水断面；无压流的水流只通过涵洞的部分过水断面，洞内水深常不大于涵洞高度的 3/4。

（一）涵洞的型式

养殖场中的涵洞按材质分有混凝土涵洞和砖石涵洞，按水流状态分有无压涵洞和有压涵洞。常用的涵洞洞身断面形状有 3 种：圆管式、矩形盖板式和拱式（图 3-5）。

涵洞的类型虽然多，但是涵洞的水流状态和断面形状一般取决于建筑材料的力学性质。因此，在确定涵洞的断面形式时，起决定作用的是建筑材料的选择。例如，砖石和混凝土结构的承压能力强，宜采用拱形断面的无压涵洞。

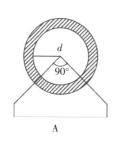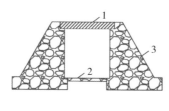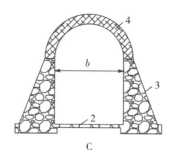

图 3-5　养殖场常用涵洞的断面形式

A. 圆管式　B. 矩形盖板式　C. 拱式

1. 盖板　2. 底板　3. 侧墙　4. 拱

（二）涵洞的结构设计

1. 圆管式涵洞

断面为圆形，适用于覆盖土层厚、内水压力大的情况。圆管式涵洞可用混凝土管及钢筋混凝土管做成，一般需做混凝土管座或三合土管座（图 3-5 A）。

2. 矩形盖板式涵洞

矩形盖板式涵洞由两边侧墙和顶部盖板及底板组成（图 3-5B）。涵洞高度不大时，侧墙可用等厚断面；若涵洞高度较大，侧墙除了需要承受盖板传来的垂直压力外，还要受到墙后较大的水平土压力的作用，因此要做成梯形挡土墙断面。

3. 拱式涵洞

常采用砖石或素混凝土筑成，可以承受较大的压力，但受拉能力差，一般不能承受内水压力，所以只适用于无压涵洞。

拱式涵洞由拱圈、侧墙（或称拱座）和底板 3 部分组成，拱圈常采用 1/3 圆弧拱（即圆心角为 120°）或半圆拱（图 3-5 C）。拱圈厚度与所用材料、压顶厚度（即拱顶以上土层厚度）及跨径大小有关。

拱座除了要承受由拱圈传下来的垂直压力和水平推力以外，还要受到墙后水平土压力的作用，所以一般做成梯形挡土墙形式。

（三）涵洞设计要点

1. 圆管式涵洞设计

水利工程圆管涵设计过程中，特别是排洪泄水涵设计过程中，由于涵管承受的水力荷载复杂多变，不确定因素多，因此在设计计算时对荷载的选取必须谨慎，考虑影响因素必须周全。

圆管式涵洞可用于压力过水涵、半压力过水涵和无压力过水涵，设计时应特别注意水位变化时是否产生负压，以及是否对圆管涵产生影响。

2. 矩形盖板式涵洞设计

矩形盖板式涵洞设计时最需注意的部分是钢筋混凝土的预应力和涵台计算，这两个方面直接决定矩形盖板式涵洞能否有效地运行。

3. 拱式涵洞设计

拱式涵洞结构坚固，超载潜力大。但拱式结构需要较大的建筑高度，遭受破坏后难于修复。这些缺点让拱式涵洞在使用范围上受到限制。拱式涵洞是山区常用的涵洞类型。

第五节　养殖池体的设计

水产品养殖生产过程中输入能量的利用率和生产系统的经济效益是渔业工程师最为关心的问题。随着水产养殖业的快速发展，大家也逐渐认识到渔业养殖的发展不仅仅是渔业养殖者和生物学研究者的任务，在养殖实践完成以后，还需工程师负担起系统设计的责任，以便把生物学家的研究发现更好地应用于实践。工程师的设计必须根植于科学和技术，并受经济制约。渔业工程师不能没有数据和经验就开始设计养殖系统，养殖系统也必须通过工程师在实践过程中不断地优化、改进才能完成。水产工程师必须参与研究才能使设计系统更加完善，实现产量增加，否则绝大部分研究和工作进展可能在应用中适用性很差。

一、养殖池形

养殖鱼类几乎可在任何形状和尺寸的养殖池中生长，鱼池一般有矩形池、圆形池、椭圆形池、八角形池、矩形圆弧角池（矩形圆切角池）等形状。带有中央排污装置的圆形池和椭圆形池在一定程度上较矩形池容易清洗，并且易形成环形水流。

在确定池体形状时，主要考虑以下要求：

①内壁平滑，防止鱼类体表被内壁磨破而受伤；

②自行排污；

工厂化养殖车间

③水质量好，对于所养殖对象，全部水质指标都在最适宜的水平上；

④容易清洗和消毒；

⑤内表面对养殖生物无毒，病害生物无处隐匿；

⑥造价低；

⑦不会受腐蚀。

可用于建造池体的材料有混凝土、玻璃纤维、木料、PVC（聚氯乙烯）板等。玻璃纤维既轻又牢固，用于淡水和海水都不会起化学反应，但玻璃纤维单位造价比混凝土高20%左右；木料是一种便宜的材料，但防腐性能较差；混凝土材料耐用，造价相对较低，很容易制成要求的形状，水池内表面可以做得相当光滑。

常见的水池形状有圆形、矩形或椭圆形。圆形池的水流速度比矩形池高，鱼生长迅速，圆形池的饵料分布状况比长条水池好，更利于自行排污，所用水的流量也较小，但土地利用率不高。矩形池由于易于建造而被广泛运用，但在这种水池里养殖鱼类，鱼会聚在一起，耗尽该处的氧气。矩形池内的循环呈现"死水"区和短环流的特点，局部可能缺氧，或者代谢废物都聚集在"死水"区，这种情况下，鱼即使不死亡也会受到应力。为了改善矩形养殖池的流态缺点，目前生产中多以矩形圆弧角（矩形圆切角）养殖池代替矩形养殖池。椭圆形水池由被隔水平分开的两个平行直段组成，两个端头180°转向的弯段连接两个直段，使水绕着椭圆形池不断循环，一般它的面积较大，适于进行跑道式（Raceway）养殖。

养殖单元设计参数和养殖鱼类生物学参数关系如图3-6所示。

（一）圆形池

在进行养殖池体设计时需要考虑生产成本、空间利用、水质调控和养殖生产管理等。养殖池的生产应用发展趋势是大型化，池体直径甚至大于10米。

圆形池受到养殖者的青睐主要是由于以下几个原因：

①容易维护；

②水质均匀；

③池内流速范围较大，可以满足养殖生物的生长和健康养殖要求；

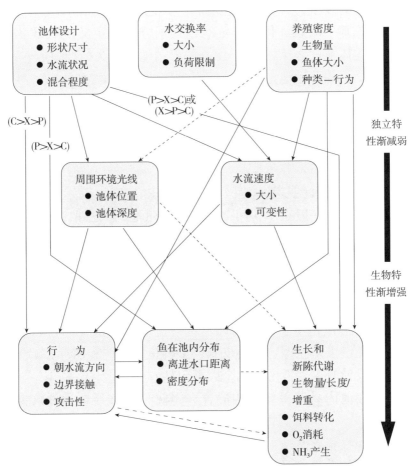

图 3-6 养殖单元设计参数和养殖鱼类生物学参数关系的图解模拟

X. 横向流动 C. 环形流动 P. 栓塞流

注：实线代表已被证明的关系，虚线代表假设关系，需进一步验证。

(改自 Robert，1998)

④可沉淀的颗粒物可以快速通过中央排污口排放；

⑤未食饵料及养殖生物摄食状况可以用肉眼观察或自动监测；

⑥具有良好的自洗能力。

（二）矩形圆弧角（方形圆切角）养殖池

具有较大表面积与体积比的矩形圆弧角（矩形圆切角）养殖池是目前循环水养殖生产中比较受欢迎的养殖池形。它与圆形池相比，日间喂食时表面拥挤现象最小，夜间底部攻击行为较少，能促进鱼的生长。养殖单元的设计优劣影响鱼的分布、鱼的游动方向和水流状态，

还影响鱼之间的攻击行为、游动速度、与其他鱼的接触与回避等。

任效忠等基于流态优化对养殖池进行了分类与定义，R/B 为池体弧角半径与池体宽度之比，$R/B=0$ 的养殖池定义为标准矩形养殖池，$0<R/B<0.2$ 的养殖池定义为近矩形养殖池，$0.2\leqslant R/B<0.4$ 的养殖池定义为矩形圆弧角养殖池，$0.4\leqslant R/B<0.5$ 的养殖池定义为近圆形养殖池，$R/B=0.5$ 的养殖池定义为标准圆形养殖池。其中，R/B 为 0.20 和 0.25 是兼具了较好流场均匀性和高空间利用率的矩形圆弧角（矩形圆切角）养殖池。

（三）养殖池设计要求

养殖池的大小一般在 1.5～150 米³，养殖池的大小取决于养殖量、养殖种类、水供应量、水质状况和建设造价等因素。养殖池的设计必须和系统其他单元的设计相匹配，特别是生物滤器的处理能力和水泵的水流量。

养殖池的材料可以选用塑料、混凝土、金属、木材、玻璃、橡胶，以及其他任何可以蓄水、不会腐蚀、对养殖生物无毒性的材料。养殖池内壁必须光滑以防止擦伤鱼类皮肤，影响鱼的清洗和消毒。

养殖池设计时需要考虑的几个因素包括：

①进水在池内易获得均匀的混合，粪便、残饵等悬浮颗粒物可以快速排放；

②倒池和收获方便；

③在使用化学药剂处理养殖生物时，可以方便地将养殖池水单独排放。

由于循环水养殖生产独立于单个的养殖池内，养殖池内鱼的数量越多，养殖池因设计失误带来的潜在风险损失越大。此外，一套水处理系统带动了多个养殖池运营生产，因此单个养殖池的养殖风险将影响整个养殖系统的成败。虽然随着养殖管理和设计经验不断丰富，这种风险会逐渐降低，但养殖池设计在实际生产中绝不能被忽略。

二、养殖池流场设计

大的养殖池较小的养殖池更需要缜密的水力学设计，因为在 20 米³ 左右的小养殖池中，水流交换速度是相对较快的，且由于大的交换量带来了溶解氧的快速补充和颗粒物的不断排放，因此可以保持较好的水质。而在大的养殖池中，由于水力滞留时间相对较长，因此进出水方式和水流速度就成了影响池内水质状况的主要因子。池体的养殖容量由水交换量、喂食率、溶解氧消耗量和废弃物产生量等因素决定。

用于高密度养殖的鱼池有多种池形和水流形式，鱼池设计主要考虑生产消耗、空间利用、水质维护和生产管理等。目前有一趋势是使用大的圆形池（直径大于 10 米），尤其在高密度室内养殖生产中，圆形池应用效果较好。生产应用中，推荐的鱼池直径与深度的比例为（5～10）∶1，但很多养殖者用的池直径与深度之比小于 3∶1，深的鱼池难于冲刷池底的污泥，浅的鱼池容易形成死角，水体混合较差。影响鱼池直径与深度比例的因素有池体造价、水头、鱼养殖密度、鱼喂食量和方式。诚然，鱼池越深每单位面积的水越多，需要更高的水头才能把鱼池排干，确定池的深度也应考虑是否方便工人操作。设计合理的圆形池可以实现水体相对完全混合（进水中可溶物的浓度会改变原来池中的浓度，如果混合完全，池中所有的鱼均处于同一水质条件），通过对入水口适当的设计可以保持良好的水质。在系统达到负载容量时，通过确定水体交换的适宜速率可以保证水质达到要求的指标。

养殖池内部水体的旋转速度从池壁到池中心，从池表面到池底都要尽可能地保持一致，既要保证养殖池能够自洗，也要满足养殖对象的生物学和行为学要求。水流速度值为鱼体长度值（BL）的 50%～200% 时，最有利于鱼体健康、增进肌肉和呼吸。此外，推动可沉淀固体颗粒到池中心的水流速度应大于 15～30 厘米/秒。对于罗非鱼，上部水流速度宜为 20～30 厘米/秒。

要获得均匀的水流就必须对入水口结构进行合理设计，选择合适的水旋转速度，从而达到快速去除固体的目的。

对鲑，Timmons 和 Youngs（1991）给出了一个安全水流速度的公式：

$$V_{safe} < 5.25/L^{0.37}$$

式中：V_{safe}——最大设计速度（约等于 50% 临界游速）（厘米/秒）；

L——鱼的生物学体长（厘米）。

在圆形池中，远离池壁处的流速会有一定程度减小，可以让鱼类自行选择一个适宜的水流速度。

（一）圆形池进水口构造设计

由于圆形池在其底部和中心能够集中可沉淀的固体颗粒物，圆形鱼池也被称为"旋转澄清器"。部分水流（5%～20%总水流）通过底部中心排水管被去除，大量可沉淀的固体颗粒在一竖起的排污管中被自由排出。应用双排污管可大大增加从底部排除污物的速度。黏稠的和未受扰动的粪便能很好地沉淀，速度为2～5厘米/秒，91%的粪便和98%的未食饲料会集中于池底部。然而，不同鱼饲料产生的固体颗粒其沉降速度不同，细小和松散的微粒只能以0.01厘米/秒的速度沉降，使得固体颗粒不能有效集中在池底排污口位置。

在圆形鱼池外周位置，水流沿池壁切线方向射入可使水体在池外侧产生旋转，产生初级旋转水流，初级旋转水流、池底、池壁间的无滑移条件产生了次一级的水流，在池底、向外辐射水流和池表面间产生大量的向内辐射的水流（图3-7）。

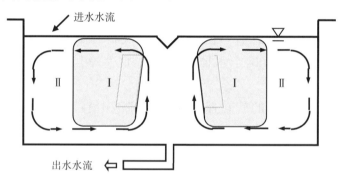

图 3-7　养殖池水流特性（改自 Timmons，1999）
Ⅰ. 自由旋涡或非旋转区（特征：混合较差、流速较低）
Ⅱ. 紊流，强制旋涡或旋转区（特征：混合较好、流速较高）

沿着池底向内辐射且挟带着大量可沉淀颗粒物的水流使得池体具有自洗的特点。但这个环绕中心排污管的椭圆形区域是一个非旋转区，流速较低混合较差。非旋转区的大小取决于靠近池壁的切线水流、池宽度与池深之比以及水流离开底部中心排污管的速度。由于非旋转区水流速低且不能很好地混合，导致水流"短路"、局部水质下降（特别是氧含量降低）以及产生一个固体颗粒沉降的静止区，将阻碍养殖池的有效利用。

养殖池的自洗特性部分与底部排污管的水流速有关，固体颗粒物的去除也与鱼游动使可沉淀物质重新悬浮有关。养鱼生产中的颗粒物密度接近于水（一般为 1.05～1.2 克/厘米³），池底朝池中心的斜坡并不能改善养殖池的自洗特性（Goldsmith，1993），它仅在维护池体时有用（可以完全排干池水）。

旋转速度可以通过对进水口和出水口的严格设计来加以控制，池中旋转速度主要由进水口冲力（F_i）控制，其数学表达式为：

$$F_i = \rho \times Q \times (V_1 - V_2)$$

式中：ρ——水的密度（千克/米³）；

Q——进水口处的水流量（米³/秒）；

V_1——进水口处的水流速（米/秒）；

V_2——池中水流旋转速度（米/秒）。

进水口冲力能量主要被旋转区产生的紊流和旋转消耗。池中水流旋转速度可以通过调节水流速度及进水口数量来控制，其近似和通过进水口处的流速成比例。

$$V_2 \approx \alpha \times V_1$$

式中比例常数 α 值的范围为 0.15～0.20，其值由入水口设计决定。

射入的水流能够影响：池中水流速度的均匀性、沿池底向池中心次级水流的强度（从排污口排出沉淀的颗粒物）、水流混合的均匀性、池中水交换速度。通过对 4 个沿池壁切线方向从外侧射入水流的水力特性〔①常用的末端开口管；②短的水平浸没式进水管，轴穿过池中心，沿长度方向均匀间隔开孔口（与水平面成 30°）；③垂直浸没式进水管，沿长度方向均匀间隔开孔口；④既有水平式又有垂直式的进水管〕进行比较发现，末端开口管产生非均匀的流速（在池壁处流速较高），旋转水流的混合较差导致水流"短路"，在池内产生重新悬浮的颗粒，池底冲刷的颗粒物较少；对于水平浸没式进水管，池中的水交换和混合效果显著，但池底水流较弱且不稳定；对于垂直浸没式进水管，自洗性能很好，但当水流通过一末端开口管或一水平进水管时，底部较强的水流导致在非旋转区和"短路"区的混合较差；既有水平式又有垂直式的进水管设置在离开池壁一定距离的地方，使鱼在管和池壁之间游动时，水流能获得均匀的混合，阻止水流"短路"，沿着池深和半径产生均匀的速度，从而可以有效地把废弃物颗粒通过池底排污管排出池外。

对于大的圆形池或方形池，如直径为 6 米的圆形池，可以采用在池中不同位置放置多根进水管的方式改善颗粒物去除效果，使水流速度一致以及水质均匀。

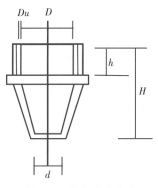

图 3-8　旋流喷嘴外观

一种旋转出流喷嘴如图 3-8 所示，养殖池内进水选用水平浸没式进水管，管沿池轴方向布置，离池壁 25 厘米和 55 厘米处各开两个直径 32 毫米的圆孔，即每池有 4 个进水口。其中，55 厘米处的 2 个孔常闭（用堵头封闭），仅在紧急状况下（鱼池在短时间内需要大换水）使用。出水口安装自制的旋流喷嘴。旋流喷嘴性能及外形尺寸见表 3-2。

表 3-2　旋流喷嘴性能及外形尺寸

直径 （毫米）	流量系数 μ	流量常数 A	进口直径 D （毫米）	出口直径 d （毫米）	H （毫米）	h （毫米）	管螺纹 Du
D32	0.60	1.7	32	15	47.5	17	G1.25

根据流体力学有关原理，可推导出喷嘴出口的流量：

$$Q = A \times H$$

式中：Q——旋流喷嘴出口流量（米^3）；

　　　A——喷嘴流量系数；

　　　H——喷嘴前水压（米）。

经实测，水压与流量的关系如表 3-3 所示。

表 3-3　旋流喷嘴水压与流量关系

水压 H（米）	1.0	2.0	7.0	5.0	10.0
流量 Q（米^3/时）	1.7	2.3	7.0	4.6	5.0

由于喷嘴出流既有通过螺旋线射出的旋转水流，又有通过喷嘴中心射出的直线水流，因此该喷嘴具有以下几个特点：

①水头损失小，对不同压力适应性强，喷角大而稳定；

②径向和周向不均匀系数小，配水均匀，没有中空现象；

③喷出的水滴粒径适中，不易堵塞，通过螺纹与供水管相接，安装、清洗方便；

④用塑料制作，可耐海水腐蚀；

⑤出水影响面积大，可使水流产生均匀旋转，池水混合效果好，池底排污干净彻底。

考虑水流能量的沿程损失及局部损失，为保证每个喷嘴出流量相等，在供水管路接入池体前，应安装闸阀调节流量。

（二）养殖池进出水结构优化

养殖池作为循环水养殖系统中的重要单元，其内部流场特性直接影响固体颗粒物的去除以及溶解氧的分布等问题，进而影响养殖鱼类的健康生长；同时养殖鱼类还会由于自身喜好的流速而聚集在养殖池内某一特定区域，造成养殖水体空间的部分浪费。近年来，养殖池流场问题逐渐被国内外的研究学者所重视，为改善池内流场条件，提高养殖水体空间的有效利用率，养殖池进、出水结构一直受到研究学者的青睐，成为优化研究的热点。

Gorle等通过改变部分进水口的进水角度对养殖池原有的进水结构做出了重新设计。研究表明适当地改变流动边界，可以改变养殖池内的流态，从而改善池水混合特性和速度均匀性。Watten等对进水装置的改进进行了试验研究，在垂向进水系统的基础上，沿养殖池底部单侧增设了进水管并沿着养殖池底部射流，在养殖池中建立从底层到表层的垂向旋转循环，改善了养殖池的自清洁性能。而于林平等通过改变进水管射流孔数量，变更养殖池水体日循环次数，发现增加射流孔数量对养殖池底部流场有明显影响。任效忠等对矩形圆弧角养殖池进水管的布设位置开展研究，结果显示在单、双管入流的养殖池中，将进水管布设于圆弧角位置有利于改善养殖池底部流场特性。

此外，流动边界条件对养殖池有限空间内的流场特性也有显著影响，其中双通道排水系统不仅可以实现养殖池所需的出流要求，同时能形成池内较好的流态。双通道排水系统可以将废水分成两个独立的部分，其中一个排水管位于养殖池底部中心，而第二个排水管通常位于池中心的底部排水管上方或池侧壁的上方。流体的一小部分通过底部中心排水口与沉降的固体废弃物一起排出，流体的余量通过第二排水口排出，而且基本上不含可沉降的固体。双通道排水系统简化了水处理，特别适用于循环水产养殖系统。底流分流比（通过底部中心排水口流出的流量占总流量的百分比）作为双通道养殖池的重要参数被

广泛研究，结果表明其对侧壁边界层外缘的切向速度没有影响，但会明显影响池内其他径向位置的切向速度。张倩等通过在养殖池底部中心排水口上方增加一个中心立管形成双通道排水系统并对其开展研究，发现双通道排水系统能够有效减小单通道养殖池中间低流速区域，改善池内流场特性。

（三）养殖池池形优化

养殖池池壁作为水体循环的边界，决定了池内水体循环的流态。常见的养殖池池形主要为矩形养殖池和圆形养殖池，圆形养殖池内的流场环境较适宜养殖鱼类的生长；而矩形养殖池由于直角的存在，池内水体低流速区域较多，流场较差。因此，许多研究都聚焦在探索圆形养殖池内的流场条件、优化池形和改善矩形养殖池的流场环境。针对圆形养殖池，Oca 等提出了一种速度计算模型，以获得养殖池内的速度分布，进而可以通过控制进水条件，得到所需的流速；而 Masaló 等在此模型的基础上又进行了修改，以便在有鱼的养殖池中更好地获得池内的速度分布。

已有学者在矩形养殖池内设置垂直挡板并对其改善流场及排污的情况进行了研究，垂直于水流安置的垂直挡板增加了底部流速并减少了固体废弃物的堆积，但设置的垂直挡板对高密度养殖鱼类形成了干扰。Masaló 等分析了沿池壁切向注水并在池中心排出的多涡流养殖池中，挡板布置和进水口的特性对养殖池水动力学影响，并发现在两个连续进水口之间布置挡板有助于提高每个单元池的平均速度、速度均匀性和对称性，并提出 DU_{50} 作为养殖池内流场均匀性量化研究的重要参数。Labatut 等设计了一个大型混合单元池（MCR），是一种旨在将圆形池和线性跑道池的最佳特性结合在一个生产系统中的设计。它将传统的线性跑道池转换成一系列液压分离的单元，每个单元都表现为一个单独的圆形养殖池。研究发现动量流是控制水流速度的驱动力，在入口直径不变的情况下，射流速度对池内的水流速度会产生线性影响。桂劲松、任效忠等定义了矩形圆弧角养殖池，通过以圆弧角替代矩形养殖池原有直角的方式，改变了养殖池内水体循环的固有边界，从而达到改善池内流场特性的效果。Duarte 等研究了养殖池的几何形态和池内流态对鱼类分布的影响，定义了鱼类分布均匀性系数（FCU）用以评估养殖池中鱼类分布的均匀性，研究表明在养殖池中速度显著影响鱼类的分布，具有正相关关系。

（四）鱼池排污管及循环水管设计

由于池底和中央集中了可沉淀的固体颗粒物（如粪便、饲料微粒、未食的饲料、死鱼），底部排污管需要具备既可连续排出集中可沉淀颗粒物，又可间断性排出死鱼的功能。在养殖过程中，由于要经常性地对鱼进行分级，因此鱼池直立循环水排水管必须做成可活动的。按理想情形，沿池壁的切线方向注入的水应当顺着平缓的螺旋线流向排水口，而实际上水往往在池底部出现"短路"，这个特性，一方面使得养殖池有自行排污的功能，另一方面使得池内出现圆环形的"静水"区。

对池内的循环流态进行理论分析，池内分为 A、B、C、D 四个循环区域（图 3-9）。A 区是湍流区，在此区域内，大部分喷射能量都被损耗。B 区是低速区，其中的水一般不与其他的水域进行交换，是一"死水"区，在该区域内，含氧量低，饵料分布不均匀，其他水质参数也都较差。C 区也是个湍流区，因为喷嘴位于水面之上，表层水完全是朝外的径向水流，池底附近则是向心的径向水流，表层水流的方向不像池底向心水流那样明确。从 A 区到排污口的水流几乎都流经 D 区，D 区的径向水流使得

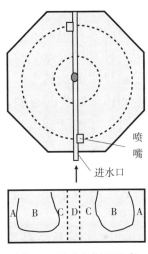

图 3-9　池内的循环流态

养殖池能够自行排污。立式循环水管位于排污口附近，D 区的径向水流实际上会在滤管处产生向上的垂直水流，使得污物随水流向上送。为避免这个问题，笔者曾设计了一种"几"字形排水装置，该装置将控制水位的立式管道装在池外面，沿宽度方向相邻两池共用一条排污管，管径为 65 毫米，材料为 U-PVC 塑料管材，排污管安装闸阀，接入排污总管（φ＝110 毫米）。排污口根据鱼体大小放置不同网眼密度的滤网。该设计具有以下几个特点：

①池内水位自动控制。在不开启排污阀排水条件下，高于控制水位（H＝1 米）时，水会自动溢流，低于控制水位时，溢流停止。

②池水混合完全。80%～99%的水流是通过循环水管排出的，喷

嘴安装在池水表面下5～10厘米处，喷嘴方向与池壁相切且与水平面成10°角向下，离池壁距离25厘米。设置在池中部的滤管排出的水均是"老水"，汇水只在管上部，即离水面60厘米范围，对池底沉淀物不会产生扰动，因此从滤管排出的颗粒物很少。

③排污管、循环水管均设有闸阀，一旦某个养殖池的鱼发病，可以关闭该池排水阀，及时把发病池和其他池隔离开，避免大面积传染。

（五）养殖池排污结构设计

目前国内外多数工厂化养殖场中的排水装置和排污装置均为一体化装置。去除固体颗粒物的方法主要有三种：第一种是虹吸，虹吸只能吸走池里中、下层浊水，而池底的固体污物难以彻底吸出；第二种是采用自吸泵，但其功率较大，且由于缺少配套的吸污头，吸污效果差；第三种是大换水，这也是目前最普及的方法，即投饲后不久就拔掉养殖池排水的插拔管，将养殖池的水按需要排掉，从而达到去除养殖池中固体颗粒物的目的。

经过多年的试验改进和生产应用，目前排污排水设施设备已趋于完善，大多是在池壁一定高度处，开设排水口，自动溢流，或者采用双通道的池底排污装置，两种方式在排除的残饵、粪便等固体颗粒的处理方式上有所不同。目前，双通道的池底排污装置逐渐成为生产应用的主流模式。

图3-10所示是一种带弧形筛的排污装置。弧形筛是一种金属网状结构设备，它具有很高的强度、刚度和承载力，用不锈钢制作，耐海水腐蚀。该装置的优点是不需要额外动力即可进行固体颗粒物的过滤，但需要人工清洗筛网。国内已有企业开始使用弧形筛装置取代传统的转筒机械过滤机。生产应用表明，转筒过滤机虽然具有占地面积小、水头损失少、安装操作方便等优点，但亦存在处理效率低、筛网易锈蚀或破损、维修成本高的弊端；而弧形筛具有过滤效果好、投资低、不需要能耗、冲洗方便、免维护等优点。鱼类养殖生产中弧形筛一般采用70微米的孔径，可去除养殖水中80%以上的颗粒物。

目前国内正在开发用新型材料代替不锈钢网，增加自动反冲洗装置，进一步提高设备的自动化程度和生产效率。

图3-11所示是挪威"ECO-TRAP"排污装置，该装置在国外很

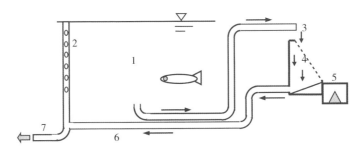

图 3-10　养殖池排污装置（Odd-Ivar Lekang，2000）

1. 养殖池　2. 低浓度污水管　3. 高浓度污水管　4. 弧形筛过滤装置
5. 污泥收集装置　6. 过滤水回水管　7. 出水进入下一级处理

多养殖企业已得到生产应用，装置底部有两个排水口，排放的养殖废水中，颗粒物含量多的水流（占 5%～10%）从圆柱形滤网底部平板的下部流出，颗粒物含量少的水流（占 90%～95%）通过圆柱形滤网流出。该装置可将可沉淀的颗粒物快速分离，减少后续水处理单元的压力。双管排污装置和养殖池外的水力旋流器、污泥收集器连接（图 3-12、图 3-13），养殖池排出的水流沿切线方向进入水力旋流器，当待分离的两相混合液以一定的压力从水力旋流器上部周边切向进入机器内后，产生强烈的旋转运动，由于轻相和重相存在密度差，所受的离心力、向心浮力和流体曳力的大小不同，受离心沉降作用，大部

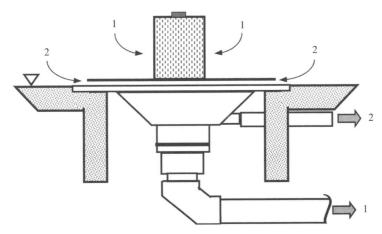

图 3-11　"ECO-TRAP"双管排污装置原理

1. 悬浮颗粒物水流（颗粒物含量少，流量大）

2. 可沉淀颗粒物水流（颗粒物含量多，流量小）

（改自 Hobers，1997）

59

分重相沉降至旋流器底流口，而大部分轻相则由溢流口排出。该装置的优点是可以加快固体颗粒物的沉降速度，缩短沉降时间。

图 3-12　挪威"ECO-TRAP"排污装置

注：该排污装置和养殖池外的水力旋流器连接。

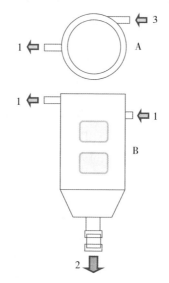

图 3-13　污泥收集器

A. 俯视图　B. 立面图

1. 分离出的水到机械过滤器　2. 污泥排放　3. 可沉淀颗粒物水流

第四章 陆基工厂化循环水养殖的水处理系统设计

陆基工厂化循环水养殖（Recirculating Aquacultural Systems，RAS）是采用工程技术、生物技术、机械装备、信息技术及科学管理等现代工业手段，对养殖过程进行全面控制，为养殖生物营造适宜的环境条件，实现全年高密度、高效益的健康养殖生产。这是未来水产养殖发展的重要方向之一。

由于 RAS 系统的养殖密度较高，养殖过程产生大量的粪便、残饵等进入养殖水体，从而造成水体中悬浮颗粒物、水溶性有害物（氨氮、亚硝态氮等）、有害微生物等的浓度升高，因此水体要实现循环利用，对水体中这些物质的净化处理非常重要，这是决定循环水养殖成败的关键。

第一节 水质参数与设计标准及水处理工艺流程设计

循环水养殖的水处理工艺流程设计通常是根据物质平衡原理来进行的（图4-1），即以快速去除水中的有害物质（主要是悬浮颗粒物、氨氮等）和增加溶解氧作为核心，建立针对悬浮颗粒物、氨氮和溶解氧的平衡方程式，从而推导出系统设计参数的计算公式，并根据工程实践经验对部分公式进行修正，以提高模型可靠性。

一、水质参数与设计标准

水质参数与设计标准是循环水养殖水处理系统设计与运营管控的依据。与其他水产养殖生产系统相比，RAS 系统的投资和运营成本相对较高，为了实现高产高效，在 RAS 中保持较高的养殖密度，就需要投喂大量的鱼饲料，从而导致大量的排泄物流入水体。据估算，

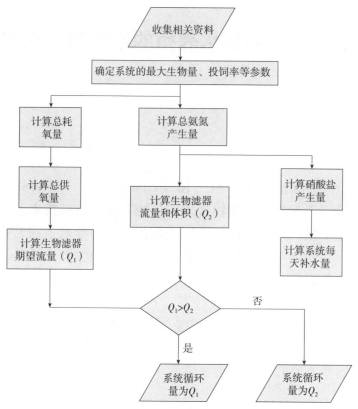

图 4-1 循环水养殖的水处理工艺流程设计基本流程

RAS 中产生的固体物（鱼类排泄物和少量未食用的饲料）占投喂鱼饲料的 30%～60%。氮是所有生物体的必需营养元素，它存在于蛋白质、核酸、磷酸腺苷、吡啶核苷酸和色素中。鱼饲料含有 25%～65% 的蛋白质，相当于 4.1%～10.7% 的有机氮，投喂的鱼饲料只有 20%～30% 被鱼利用转化，其余的则排泄到水体中（Yogev et al.，2017）。在水产养殖环境中，含氮物质是养殖废弃物中首先需要考虑的物质，通常含氮物质主要有三种来源，即鱼的排泄物（氨氮、尿素、尿酸和氨基酸等）、死亡生物的有机残体、残饵，尤其是鱼通过鳃扩散、鳃阳离子交换、尿、排泄物排出的各种含氮物质，这些物质将直接或间接地产生对鱼类毒性较大的有害物质，如氨氮、亚硝态氮（$NO_2^- $-N）等。

氨氮(或氨态氮)在水中的存在形式有两种：非离子态氨氮（NH_3-N）和离子态氨氮（NH_4^+-N），合称为总氨氮（Total Ammonia Nitrogen，

TAN）。氨是蛋白质分解代谢的主要终产物，通过鳃以未解离氨的形式排放出去。水中的含氮化合物有离子态的氨氮、非离子态的氨氮、亚硝态氮（$NO_2^- \text{-N}$）、硝态氮（$NO_3^- \text{-N}$），其中，未解离的氨氮和亚硝态氮对鱼有较大的毒性伤害作用，必须及时去除，以确保其保持在安全的范围之内。表 4-1 是基于国外（以美国为主）循环水养殖研究文献而总结出来的水质指标参考标准。

表 4-1　工厂化循环水养殖主要水质指标参考标准

参数	浓度（毫克/升）
溶解氧：冷水性鱼 　　　　一般热水性鱼类	＞5 ＞2
总氨氮：冷水性鱼 　　　　一般热水性鱼类	＜1.0 ＜3.0
非离子态氨氮（溶解氨）	＜0.025（一般），＜0.0125（鲑类）
亚硝态氮	＜1（0.1，当总碱度很低时）
硝态氮	0～400（淡水，海水则不适用）
二氧化碳：高耐性鱼（罗非鱼） 　　　　　敏感性鱼类（鲑类）	＜60 ＜20
总碱度（以 $CaCO_3$ 计）	50～300，一般＞100
pH	6.5～9.0（淡水），8.0～8.5（海水）
总悬浮固体物（TSS）	＜40

二、水处理工艺流程设计

水体净化处理主要是除去养殖水中的悬浮颗粒物、氨氮、亚硝态氮、病原微生物等有害物质，最终使处理过的水达到养殖回收再利用的目的。常用的工厂化循环水养殖水处理系统主要有固液分离（包括沉淀等初级分离和微滤）、蛋白分离（泡沫分离）、硝化生物处理、杀菌消毒、热交换和增氧等处理环节。图 4-2 是较为常见的水处理基本工艺流程。通过循环水处理系统，对养殖池流出的水体进行一系列严格的处理，确保养殖水体水质指标达到适合鱼类健康生长的要求。

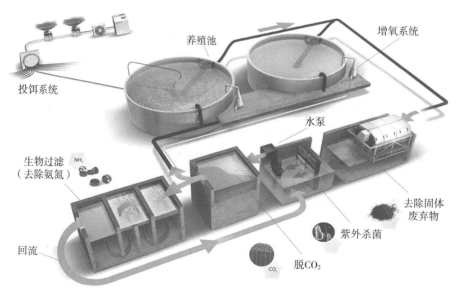

图 4-2　工厂化循环水养殖系统水处理基本工艺流程

第二节　悬浮颗粒物去除

一、悬浮颗粒物的形成及其影响

通常用总悬浮固体物（Total Suspended Solids，TSS）作为衡量固体颗粒物的参数，它主要指单位水体中粒径大于 $1\mu m$ 的固体颗粒物的总量。在循环水系统中 TSS 包括鱼类粪便、残饵、生物絮团（死细菌和活细菌）等，这些悬浮颗粒的尺寸从微米级到厘米级范围变化很大。悬浮颗粒物既可直接影响鱼的健康与生长（尤其是冷水鱼），又会增加生物过滤器的负担。养殖过程中产生的固体颗粒物需迅速集聚并排出养殖池，否则残饵、粪便等固体废物在循环水体中破碎成细微颗粒物，会大大增加水处理负荷。因此，悬浮颗粒物被认为是循环水养殖生产中的重要问题，TSS 去除是循环水养殖系统水处理的重要环节，通常也是水处理的第一个环节。

循环水系统中的悬浮颗粒物一般以有机物为主（约占 80%），也有一些无机物。悬浮颗粒物按其可沉淀性能（主要取决于悬浮颗粒物的密度和粒径大小）可进一步分类，直径大于 100 微米的 TSS 可沉淀性较好，可以通过沉淀、涡旋流聚集等方法实现分离；直径范围在 1～

100 微米的 TSS 较难沉淀。悬浮颗粒物浓度目前还没有公认的标准，有研究发现在悬浮颗粒物浓度小于 25 毫克/升时对鱼没有显著影响。

二、颗粒物的去除技术与装备

在 RAS 中，残饵与粪便出了养殖池即会通过管路进入固液分离系统。残饵与粪便在管路中经过流动和撞击，加之水的侵蚀时间越长，就会变得越松散脆弱，很小的冲击和扰动都会加速其破碎和溶解，从而降低固液沉淀的效果，甚至加重水体污染。由于养殖池排出的废水中含有大量的残饵、粪便等大颗粒物质，需要在前期水处理单元中将其尽可能去除，从而减小后续水处理单元的有机负荷。固液分离器作为整个系统的首个水处理单元，不仅可以利用离心作用、重力作用去除残饵、粪便大颗粒物质，以免造成后续处理单元管道的堵塞以及设备的腐蚀，而且还可降低管道局部水头损失，节约系统能耗。

去除悬浮颗粒物一般采用物理方法，主要有沉淀或粗筛滤、微筛滤、砂滤、泡沫分离（或蛋白分离）等技术与设备。这些技术方法对悬浮颗粒物的去除的适用范围有较大差别（图 4-3），在循环水系统颗粒物去除环节的设计中要特别注意。

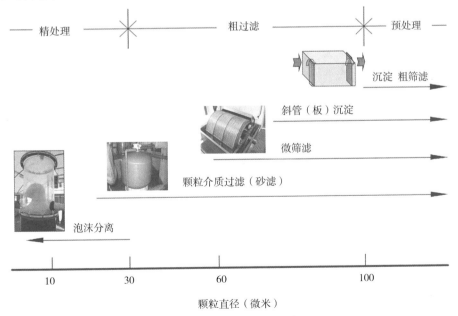

图 4-3 不同去除方法对浮颗粒物粒径的适用范围

（一）沉淀池

沉淀池是利用重力沉降的方法从自然水中分离出密度较大的悬浮颗粒（图4-4），根据需要可设一级沉淀池和二级沉淀池。沉淀池一般修建在高位，利用位差自动供水，多为钢筋混凝土浇制，设有进水管、供水管、排污管和溢流管，池底排水坡度为2%～3%，容积应为养鱼场（厂）最大日用水量的3～6倍。

图4-4　平流式沉淀池原理

平流式沉淀池的沉淀效果与池中水平流速、停留时间、原水凝聚颗粒的沉降速度、进出口布置形式等因素有关，其主要设计参数有水平流速、沉淀时间、池深、池宽、长宽比、长深比等。沉淀池设计的关键是单位面积的水流量不能太大，一般为 $1.0～2.7$ 米^3/（米^2·时）。虽然自然沉淀具有较好的效果，但是由于低流速限制了循环的流量，会减少养殖密度和养殖效率，因此需综合考虑。

以最大设计排水水量为 $Q=500$ 米^3/时的循环水养殖系统为例。为减少出水口的冲力，在排水管出口处建一小池（0.4 米^2）减少排水进入池中的水头，溢流进入沉淀池，使沉淀池内水流平直，流态良好。当 $Q=500$ 米^3/时$=0.139$ 米^3/秒时，设计沉淀时间为 $T_1=0.15$ 小时，反应时间 $T_2=2$ 分钟，沉淀池平均水平流速 $V=20$ 毫米/秒，反应池采用变流速反应，$V_2=0.2～0.5$ 米/秒。

根据流体力学原理，可计算出沉淀池长：

$$L_1=3.6×V×T \qquad\qquad (4-1)$$

式中：L_1 表示设计沉淀池长度（米）；V 表示池内平均水平流速（毫米/秒）；T 表示沉淀时间（小时）。

则 $L_1=3.6×20×0.15=10.8$（米）；因而，沉淀池容积 $W_1=Q×T_1=500×0.15=75$（米^3）；反应池容积 $W_2=Q×T_2=500×2/60≈16.7$（米^3）。

沉淀池宽度可根据以下公式计算：

$$b=W/(H_1×L_1) \qquad\qquad (4\text{-}2)$$

式中：b 表示沉淀池宽度（米）；W 表示沉淀池容积（米³）；H_1 表示沉淀池的有效水深（米），采用3.5米，若超高采用0.3米，则池深为3.8米。

因此，$b=75/(3.5×10.8)≈1.98$（米）。反应池长 $L_2=W_2/H_2×b=16.7/3.6×1.98≈2.3$（米）。

（二）径流式固液分离器

径流式固液分离器主要用于分离较大的颗粒物，方法简单，效果较好。径流式固液分离器多为圆形（图4-5），来自养殖池的养殖水自中心进入，沿半径向周边流动。颗粒物在流动中沉降，并沿底部坡度进入集污斗，澄清水从顶部的四周溢出。径流式固液分离器的优点是设备简单、沉淀效果好、处理量大且对水体的搅动小；其缺点是水流速度不稳定，受进水影响较大并且底部排污复杂。

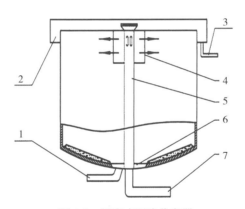

图4-5 径流式固液分离器

1. 排污管 2. 出水槽 3. 出水管 4. 穿孔挡板 5. 中心管 6. 集污斗 7. 进水管

（三）旋涡式固液分离器

旋涡式固液分离器的工作区域为圆柱形（图4-6），由圆柱筒、锥体、溢流口、底流口与进水口组成。进水口一般在圆柱体的侧上部，使养殖水体沿侧面切向进入圆柱腔内。在圆柱体的上端有溢流口，溢流口与顶盖连接。水体沿切向进入圆柱筒内产生旋转涡流，离心使密度和粒径较大的颗粒物向分离器筒壁运动，并沿筒壁向下沉积在锥体底部，最后从底流口排出，从而实现了颗粒物的分离。旋涡式固液分离器排污的流量损失小且无需滤网、滤盘，从而避免了网式和盘式过滤器的堵网、堵盘现象。

旋涡分离原理也可以用于养殖池中颗粒物旋涡分离的设计（图4-7），养殖池排水口设在养殖池中心底部，进水管可设在池壁上方沿池壁切向进水，使养殖池水体形成较低速度的旋涡，从而加速推动固体悬浮物向养殖池中心底部聚集并快速排出。

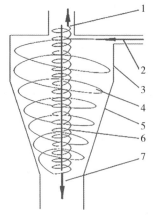

图4-6 旋涡式固液分离器
1. 溢流口 2. 进水口 3. 圆柱筒
4. 外旋流 5. 锥段 6. 内旋流
7. 底流口

图4-7 养殖池中具有固液分离作用的旋涡

（四）微滤机

转鼓式或履带式微滤机是 RAS 中常用的颗粒物去除机械设备（图4-8）。

转鼓式微滤机的工作过程：养殖水体从进水口进入转鼓中，转鼓上固定有网板，网板上固定有微米级的滤网（通常采用网目为120～180的滤网，孔径60～90微米；国外有用200～350目滤网的微滤机），理想状态下当养殖水体中颗粒物的粒径大于滤网的孔径时，一般会被拦截在转鼓内，其后混有细微颗粒物的养殖水体会通过滤网进入下一级水处理单元。转鼓式微滤机运行一段时间后（滤网上覆有粗颗粒物），会自动进行反冲洗滤网，将颗粒物从滤网上分离出来并通过排污管道排出。

履带式微滤机的工作原理和转鼓式微滤机相似，都是采用滤网进行过滤处理。不同的是转鼓式微滤机是径向过滤养殖水体（滤网面为圆柱形），而履带式微滤机的滤网为平面并与水平面呈一定角度（图4-

8），过滤时可充分利用滤网的过滤面积，但履带式微滤机的管理维护较困难。

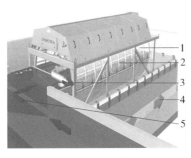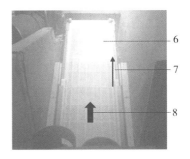

图 4-8　微滤机

a. 转鼓式微滤机　b. 履带式微滤机

1、6. 滤网　2. 网板　3. 排污　4. 出水　5、8. 进水　7. 反冲运转

（五）砂滤机

砂滤机是一种沉淀过滤装置，主要由水泵、砂缸、分水器、过滤管、控制器等组成。其功能是水中的污物经过砂层的过滤后，实现干净的水重新回用。在实际应用中，常选用压力式砂滤机（图 4-9）。

压力式砂滤机能够高效去除养殖水体中各类浮游生物、藻类、部分可溶性物质、蛋白质，从而软化水质，提高澄清度。压力式砂滤机在用于RAS 养殖时，应考虑其是否耐海水等腐蚀性液体的侵蚀以及使用的方便性。现在多数压力式砂滤机都采用电磁阀控制，过滤、反冲等工作模式的

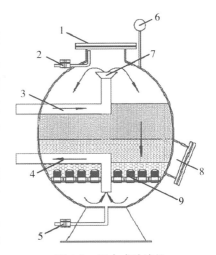

图 4-9　压力式砂滤机

1. 上部检查口　2. 放空阀　3. 进水口
4. 出水口　5. 排空阀　6. 压力表
7. 散流器　8. 下部检查口　9. 配水帽

切换非常方便，还应考虑其反冲方式及反冲的彻底程度。如果反冲不充分、不彻底，将导致砂层板结、气阻、过滤不净，从而严重影响砂滤的过滤流量和过滤效果。

（六）泡沫分离器

泡沫分离器或蛋白分离器（图 4-10），通过曝气盘或射流器将空气

（或臭氧）射入水体底部，使处理单元底部产生大量微细小气泡，微细小气泡在上浮过程中依靠其强大的表面张力以及表面能，吸附聚集水中的生物絮体、纤维素、蛋白质等溶解态物质（或小颗粒态有机杂质），随着气泡的上升，污染物等杂质被带到水面，产生大量泡沫，最后通过泡沫分离器顶端排污装置将其去除。泡沫分离技术在去除微细小有机颗粒物等方面的优势尤为突出。另外，在去除水体固体废弃物的同时，它能在有机物分解成有毒废物前将其分离，减轻了生化系统的负担，同时增加水中的溶氧量，因此泡沫分离器在循环水养殖系统中被广泛应用。

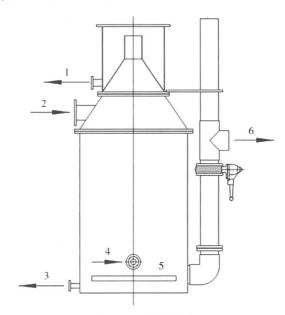

图 4-10　泡沫分离器
1. 排污口　2. 进水口　3. 排空口　4. 臭氧进气口　5. 曝气盘　6. 出水口

第三节　水溶性有害物质的去除

一、水溶性有害物质的形成及其影响

水溶性包括可溶性无机物、可溶性有机物。其中，水溶性有害物质主要是氨氮（NH_3-N）和亚硝态氮（NO_2^--N）。氨氮能通过鱼类的鳃和皮肤进入血液，干扰其正常的三羧酸循环，改变鱼体的渗透压并降低鱼体对水中氧的吸收能力，影响鱼类正常生长与生存。亚硝态氮能很快渗透到鱼体内部，使血液中的亚铁血红蛋白失活，从而失去携氧能力，严重时可危及鱼体生命。

（一）氨氮的形成及其影响

在水产养殖过程中，投喂饲料中的蛋白质只有25％左右被鱼同化，其余的蛋白质虽然被消化分解成氨基酸等，但未能吸收同化，最终以固体物、水溶性物等形式被排泄到养殖水体中。所以，水体中的氨氮主要来源于鱼消化蛋白质后的排泄物；水中有机颗粒物降解、残余饵料的降解和水中动物尸体分解也会产生氨氮，但在循环水养殖系统中不是氨氮的主要来源。水体中的氨氮以铵根离子和非离子氨两种形式存在，铵根离子对鱼的毒性很小，而非离子氨对鱼的毒性很大。水中铵根离子和非离子氨比例随pH和温度而变化，因此，通常采用总氨氮浓度来衡量氨氮这一重要水质指标。铵根离子和非离子氨比例受pH的影响很大，pH越大，铵根离子比例越小，非离子氨浓度就越大，总氨氮的毒性也就越强；反之，pH越小，则总氨氮的毒性也越强。非离子氨的比例也随温度升高而增加，因此温度越高，总氨氮的毒性也会越强。

当然，鱼类自身对氨氮毒性的耐受能力也不同，幼鱼对氨氮浓度更加敏感，成鱼对氨氮的抵抗力更强；不同品种鱼类对氨氮的耐受能力也不同。

（二）亚硝态氮的形成及其影响

亚硝态氮或亚硝酸盐通常被养殖对象以NO_2^-形式透过鳃吸收到血液中，血液中亚硝酸盐的浓度可以达到周围环境的10倍以上，或者直接以HNO_2的形式溶解于脂类中进入鱼体。亚硝酸盐从血浆进入血红细胞，氧化铁到三价铁，形成无法进行氧气运输的氧化血红素，从而引起缺氧和机理损伤等一系列反应。其具体的毒性表现为引起养殖动物组织生理的改变，肝功能损伤：使血液中氧化血红素含量增加，造成氧运输困难；使鱼类生长速度减慢和引起窒息死亡等。水体中氯离子浓度、pH、溶解氧、温度等都会影响亚硝酸盐的毒性。亚硝态氮一般可通过亚硝化菌氧化成毒性很小的硝态氮（$NO_3^-\text{-N}$），从而实现去除目的。在缺氧和有碳源存在的条件下，兼性厌氧反硝化细菌可将亚硝态氮转化为氮气从而去除。

二、硝化生物滤池及其设计原理

由于硝化生物滤池（或生物滤器）是循环水养殖系统中最为关键的水处理环节，本部分将对硝化生物滤池的基本原理作简要介绍。生物滤池设计的具体内容将在第六章中详述。

过滤器的细菌以氨氮为基质生长并将氨氮最终转化成硝态氮。一般认为每转化 1 克氨氮需 4.18～4.57 克溶解氧，生成 0.17 克硝化菌干物质，同时还消耗 7.14 克碱度（碳酸钙）及 8.6 克有机碳。

循环水养殖系统中常用的是固定膜式硝化生物过滤池，即氨态氮转化菌群依附在某种生物填料表面上生长，氨氮通过扩散的方式传递到固定生物膜内并被转化掉。因此，可以通过对固定膜面积的估算，对生物过滤池的工作进行设计与评估。

硝化生物滤池的种类很多，较为常见的有流化床滤池、旋转生物接触器等。生物过滤器的设计涉及与鱼类和硝化菌的代谢有关的物理、生物化学参数，其设计目的主要是使过滤器有足够的硝化菌量来去除鱼类排泄的氨氮，维持养殖系统中的氨氮浓度在预定范围以内，以确保鱼类的安全与有效生长。氨氮是鱼类生物代谢活动的产物，而氨氮的转化去除则是硝化菌生命活动的结果。确定氨氮排泄量与生物过滤器的氨氮去除率是设计的关键，因为这两种生物过程受到许多环境因素的影响。

第四节　养殖水的消毒处理

一、紫外杀菌设备

紫外线（UV）杀菌原理是微生物体内的核酸，包括核糖核酸（RNA）和脱氧核糖核酸（DNA）吸收了紫外线的光能，改变了生物学活性，导致核酸的键和链的断裂、股间交联和形成光化产物，从而使微生物不能复制，造成致死性损伤；同时，紫外线还会对其他的细胞成分造成影响，如蛋白质和脂质等。

紫外光按照波长范围可以分为 UVA(315～400 纳米)、UVB(280～315 纳米)、UVC（200～280 纳米）和真空紫外线（100～200 纳米）4 段。其中能透过臭氧保护层和云层到达地球表面的只有 UVA 和 UVB，杀菌作用最强的是 UVC，一般称之为紫外线 C 消毒技术。

紫外线杀菌效果是由微生物所接受的照射剂量决定的，同时也与紫外线的输出能量、灯的类型、光强和使用时间有关。紫外照射剂量是指达到一定的细菌灭活率时，需要特定波长紫外线的量：

照射剂量（焦/米^2）＝照射时间（秒）×UVC 强度（瓦/米^2）

照射剂量越大，消毒效率越高。由于设备尺寸要求，一般照射时间只有几秒，因此，灯管的 UVC 输出强度就成了衡量紫外光消毒设备性能最主要的参数。杀菌效率要求越高，所需的照射剂量越大。

紫外线杀菌具有杀菌力强、速度快、不需要投加任何化学试剂、不产生有毒副产物、操作方便等优点，因此在水产养殖业中，日益普遍地选择紫外线杀菌取代化学杀菌。紫外线杀菌器以不锈钢为主体材料，以高纯石英管为套管，配合高性能石英紫外低压消毒灯管，具有寿命长、执行稳定可靠等优点，进口灯管使用寿命可达 9000 小时，所以在绝大多数的循环水养殖水处理系统中均被采用。

二、臭氧消毒处理

臭氧是一种强氧化剂，其灭菌过程属于生物化学氧化反应。臭氧灭菌有 3 种形式：①能氧化分解细菌内部利用葡萄糖所需的酶，灭活细菌；②直接与细菌、病毒作用，使微生物的新陈代谢遭到破坏，导致其死亡；③透过细胞膜侵入细胞内部，作用于外膜的脂蛋白和内部的脂多糖，使细菌溶解死亡。臭氧灭菌为广谱杀菌和溶菌方式，杀菌彻底，无残留，可杀灭细菌繁殖体和芽孢、病毒、真菌等，并可破坏肉毒杆菌毒素。另外，臭氧由于稳定性差，很快会自行分解为氧气或单个氧原子，而单个氧原子能自行结合成氧分子，不仅能对养殖水体增氧，而且不存在任何有毒残留物，所以臭氧是一种比较理想的、无污染的消毒剂。

臧维玲等利用臭氧仪开展室内凡纳滨对虾工厂化养殖，初始水经臭氧处理后细菌总数可杀灭 99%，弧菌量小于 1CFU/毫升。祝莹等用臭氧配合复合光合细菌处理虹鳟高密度养殖水体，结果表明，可有效预防水霉病和烂鳃病的发生。宋奔奔等试验结果表明，在海水 RAS 中，臭氧不但杀菌效果显著，而且对去除系统 TSS、总氨氮和亚硝酸盐效果良好。Good 等研究了低水循环率条件下臭氧对虹鳟生长、健康的影响，研究表明，使用臭氧可以缩短养殖对象的养殖周期；尽管臭氧使用组易出现一些亚临床症状如鳃上皮细胞增生和肝脏脂肪沉积，但臭氧在使用过程中对养殖对象的健康没有构成明显的威胁。Park 等研究了海水 RAS 养殖黑鲷在两种不同臭氧剂量下蛋白分离滤除 TSS 和细菌的效果，研究表明，20 克/天的臭氧使用提高了颗粒清除率且明显降低了细菌含量。Davidson 等研究了臭氧和不同水交换率对水质和虹鳟养殖状况的影响，研究表明，臭氧在低循环率的情况下对水质有很好的提升作用；臭氧可以降低 RAS 中的 TSS、生化需氧量、Cu、Fe 和水色；养殖对象相对于没有使用臭氧的对照组生长率加快。

臭氧尽管杀菌效果较好，但如果过量使用也对养殖生物会造成较大危害。Schroeder 等研究表明，臭氧在不超量的情况下可以有效去除亚硝酸盐和黄色杂质，泡沫分离配合短期使用臭氧可以有效减低细菌繁殖；但是如果使用过量则会产生大量的高致毒性氧化剂。Silva 等研究表明，臭氧尽管在水产养殖中有很好的提高水质稳定性和抑制疾病发生的功用，但臭氧导致的基因毒性会使养殖生物的细胞受损，亦可以转变为有机体水平上的损害，最终造成鱼类健康和养殖产量下降等负面影响。所以，在水产养殖过程中，定时、定量、安全、规范使用臭氧非常重要，应采取严格措施尽力避免过量使用，并要防止臭氧溢出造成空气环境污染。

第五章

陆基工厂化循环水增氧和pH调控

良好的水质条件是健康养殖的基础，水体中溶解氧的含量是养殖水质最重要的指标之一。我国渔业水质标准规定养殖期间溶解氧水平应保持在 4 毫克/升以上，溶解氧过低会使水生生物的新陈代谢减缓、运动能力下降、饵料系数增大、对氨氮等有害因子的耐受力降低，易出现浮头或大面积死亡的现象。pH 是衡量养殖水体酸碱度的指标，一般养殖水体 pH 以 6.5～8.0 中性偏碱为宜，pH 过低，在酸性条件下有益微生物繁殖受阻，有机物矿化速度降低，物质代谢速率下降，使得浮游植物难以大量增殖，同时硫化物更多地以硫化氢分子形式存在，水体金属离子浓度增大、重金属的毒性加强，而且酸性水体中淡水养殖动物血液载氧能力差，易形成隐性浮头现象。pH 过高会影响到氨氮、分子氨的动态平衡，使得分子氨浓度过高，同时极易形成蓝藻水华。

循环水养殖系统水处理流程一般为：大颗粒固体废弃物的去除→悬浮颗粒物去除→生物过滤去除有害物质（主要为氨氮和亚硝态氮）→脱气（CO_2）和充氧→杀菌消毒。陆基工厂化循环水养殖最显著的特点是，能够利用水处理设备实现对养殖水体环境的清洁和高度控制，从而使适宜养殖对象生长的清洁用水重新进入系统，实现有限水体利用的最大化。其中，溶解氧和 pH 作为决定水质最重要和基础的水质因子，不仅直接关系到养殖对象的生存，还会通过影响生物过滤中微生物的活动，提高/降低系统的净化处理能力，从而间接地对养殖对象健康状况产生影响。

综上所述，除了对养殖生物的直接影响，溶解氧和 pH 还会通过间接影响水体中微生物活动对水质和养殖生物造成影响，因此控制水体中的溶解氧和 pH，使其在养殖对象的适应范围之内，对维持养殖对象

的正常生理活动至关重要。

第一节　陆基工厂化循环水增氧

一般来说，水中溶解氧有两方面来源，一是来自气（空气）水（水体）界面的交换；二是水体中植物光合作用释放的氧气，其中后者约占水体溶解氧的90％。和传统池塘养鱼相比，陆基工厂化循环水养殖水体溶解氧有以下特点：①自然溶解度较差，陆基工厂化循环水养殖一般在室内车间中进行，水面面积较小，气液相面空气中溶于水中的氧气甚微；②几乎没有植物光合作用，陆基工厂化循环水养殖池中的浮游生物和水生植物较少；③养殖密度高导致耗氧量大。因此，在陆基工厂化循环水养殖系统中，需要人为提高水体中溶解氧的含量来维持系统的正常运行。

陆基工厂化循环水系统增氧的方式：养殖池内进行人工增氧的方法很多，总体可以分为化学法和机械法。其中，化学增氧法是在水中添加硫酸盐等化学药品，通过化学反应释放氧气。但此方法成本较高且难于控制，因此生产中大多采用机械增氧的方式。机械增氧又根据氧气输送方式分为增氧机增氧和充氧式增氧两种类型。

（一）增氧机增氧

增氧机增氧是指用增氧机、鼓风机或空气压缩机等设备将空气吸入布设在养殖池内的散气管中，通过管道或气石等向水体中放出微细气泡进行曝气增氧的方式。该方法设备简单、操作方便、运行成本低，不足之处是曝气时会引起大量气泡的翻滚，导致粪便、未食的饲料等也被携带在池中无序扩散，降低沉淀效果，易引起水质恶化；另外，采用空气增氧，鱼容易受到水中过饱和氮的影响，由于渗透压的作用，鱼的血液会一直吸收氮，直到与周围水中氮浓度平衡为止，鱼血液中的部分氮形成气泡储存在血管中，很易引起"气泡病"，对鱼有极大的危害，可致其死亡。常用的增氧机装置有叶轮式、浮选式、水车式、充气式、管式、喷水式和射流式等，在高密度陆基工厂化循环水养殖系统中，大部分采用小型叶轮式或充气式增氧机、管式增氧机等装置。

（二）充氧式增氧

与增氧机曝气不同，充氧式增氧不是将空气中的氧气强制向水体中转移，而是直接将纯氧（气态/液态）转移到水体中的过程。近年来，纯氧和水接触的机械装置在商业上得到快速应用。纯氧接触器能够使水中的溶解氧达到饱和或过饱和状态，同时减少溶解氮（DN）浓度，使其小于等于氮气饱和溶解度以避免"气泡病"。

1. 充氧式增氧的设计原则

充氧式增氧装置采用变压吸附（PSA）原理实现制氧，即空气经无油润滑压缩机压缩到设计规定的压力，并经过净化处理后进入吸附器，吸附器内的分子筛将氮、水蒸气和二氧化碳等吸附，氧气作为产品从吸附器中抽出。吸附器按照电脑设定的时间，加压吸附，降压解吸，充气和再生发生在均匀间隔内，达到连续制氧过程。

2. 充氧式增氧装置的组成

纯氧接触装置主要由三部分组成，富氧气源、可调节气体流量的控制单元和气-水接触装置。由于富氧气源价格昂贵，因此系统设计必须满足高氧气吸收效率（AE）和氧气传输效率（TE），耗电少，机械故障低。

在循环水养殖系统中，增氧方式为水下增氧机增氧（功率为0.9千瓦），整机由浮力圈、潜水电泵、射流器、吸气管等组成。使用时，吸气管利用负压把纯氧吸入水泵内，叶轮高速旋转，粉碎气泡，完成气液混合，由于叶轮旋转速度很快，在短时间内就可以使水体实现过饱和，达到增氧目的（23℃时，两分钟后水中溶解氧为13.4毫克/升）。富氧水通过水泵送入水池；水位自动控制仪通过电磁启动器控制水下增氧机启闭，并控制连接氧气输送管电磁阀的接通和闭合。

3. 充氧式增氧装置的设计参数

水中溶解氧饱和度受水温、盐度等因素影响，溶解氧浓度与机械增氧程度、浮游生物数量及有机物消耗有关。水体溶解氧的分布有水平和垂直的差异，底层溶解氧较低，表面较高。因此在开展循环水养殖系统设计和应用纯氧装置时，应包括下列几个参数：①确定养殖水温、水流速度、水中溶气浓度、当地的大气压力等参数；②养殖生物对水体中溶解气体的要求；③基于生产目标的氧耗和补充氧量；④保证系

统运行平稳和费用较低的氧气接触器形式选择。

（1）纯氧接触装置的种类　目前生产上常用的氧气接触器类型有：填塞柱式接触器、多级低水头接触器、喷洒柱式接触器、U 形管接触器、下流气泡接触器、封闭式表面接触器等。

（2）纯氧接触装置的结构　以气液混合泵为例，其系统见图 5-1。经生产实践检验，该泵气体溶解效率高，达到 $80\% \sim 100\%$（比文丘里式混合器效率高 3 倍），气泡小（微细气泡 $20 \sim 30$ 微米），运行稳定，易操作、易维护，低噪声。

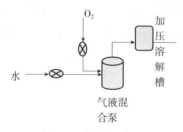

图 5-1　气液混合泵

（3）纯氧接触装置的特性　纯氧接触装置的特性由氧气吸收效率（AE）、氧气传输效率（TE）和氧气传输速率（OTR）来评价。氧气吸收效率可用下式表示：

$$AE = \left[\frac{Q_L \times (DO_{out} - DO_{in}) \times 10^{-3}}{Q_{ox} \times P_{ox}} \right] \times 100\% \quad (5\text{-}1)$$

式中：Q_L——水流量（米³/时）；

DO_{out}——装置出水口溶解氧浓度（毫克/升）；

DO_{in}——装置入水口溶解氧浓度（毫克/升）；

Q_{ox}——氧气产生量（米³/时）；

P_{ox}——氧气的质量密度（千克/米³）。

把氧气传送到水中的能耗是由传输效率（TE）来表示的，TE 表示除水体自溶解氧含量之外的氧气吸收率，总能量输出为泵、水搅拌器和压缩空气机的总耗能。

$$TE = \frac{Q_L \times (DO_{out} - DO_{in}) \times 10^{-3}}{PW} \quad (5\text{-}2)$$

式中：TE——传输效率（千克/千瓦时）；

PW——总能量输入（千瓦）。

氧供应率与所设计装置的氧气传输速率（OTR，单位是千克/时）是相匹配的，在一给定运行条件下，OTR 可通过设计装置和水流速的变化来表示。

$$OTR = Q_L \times (DO_{out} - DO_{in}) \times 10^{-3} \tag{5-3}$$

总溶解气体压力（TGP，单位是毫米汞柱[*]）是所有溶解气体分压的总和。该变量常用来衡量水体中气体的过饱和程度，忽略氩气（Ar），总的气压可表示为：

$$TGP = \sum (P_{O_2} + P_{N_2} + P_{CO_2} + P_{H_2O}) \tag{5-4}$$

式中：P_i——i 种类气体的分压（毫米汞柱）。

水蒸气压力（P_{H_2O}）和 O_2、N_2、CO_2 的分压与水温变化的关系见表 5-1。

表 5-1　水蒸气压力和溶解气体分压与温度的关系（Colt，1991）

温度（℃）	水蒸气压力（毫米汞柱）	O_2分压（毫米汞柱）	N_2分压（毫米汞柱）	CO_2分压（毫米汞柱）
10	9.2	13.9	32.3	0.32
15	12.8	15.5	35.7	0.38
20	17.5	17.1	39.0	0.94
25	23.8	18.7	42.2	0.51
30	31.8	20.2	45.2	0.58

当 TGP 大于当地大气压力时，表层水的溶解气体处于过饱和。

$$\Delta P = TGP - BP \tag{5-5}$$

式中：ΔP——溶解气体压差（毫米汞柱）；

BP——当地大气压（毫米汞柱）。

高密度养殖条件下溶解气体的标准见表 5-2。

表 5-2　高密度养殖溶解气体标准（Colt，1991）

参数	冷水性鱼类（12℃）	暖水性鱼类（25℃）
DO（低）	5～6 毫克/升	3～4 毫克/升
DO（高）	21 毫克/升	16 毫克/升
DN	20 毫克/升	20 毫克/升

---

[*] 毫米汞柱为非法定计量单位。1 毫米汞柱＝133.32 帕。

（续）

参数	冷水性鱼类（12℃）	暖水性鱼类（25℃）
ΔP（整个生命阶段）	10 毫米汞柱	20 毫米汞柱
ΔP（各生命阶段）		
卵	45 毫米汞柱	90 毫米汞柱
苗种	35 毫米汞柱	70 毫米汞柱
幼体	10 毫米汞柱	20 毫米汞柱
育成阶段	<30 毫米汞柱	50 毫米汞柱

（4）纯氧接触装置的设计关键　纯氧接触装置设计的关键是泵的选型，无论是离心泵还是轴流泵，对传送的介质要求之一为不含或仅含极少量气体，以免引起"气蚀"现象，影响叶轮的使用寿命。因此，传统水泵增氧的机械，都是在泵的出口处安装文丘里管或其他混合装置，使气液混合，由于气泡没有经过一个粉碎压缩的过程，因此气体溶解度较低，气泡较大。日本奈良株式会社生产的尼可尼涡流泵，叶轮外周有许多呈放射状排列的不锈钢叶片（45 片），叶轮以直角固定在泵轴上，液体随着叶轮的旋转被反复加压并沿着泵内壁形成涡流，能够实现小流量高压输送，由于叶轮旋转过程中不与任何部件接触，所以泵的性能稳定可靠。在生产中常用的是 32TF 型泵，其功率为 2.2 千瓦，泵扬程为 10～40 米，流量为 4.23～6.9 米^3。

（5）纯氧接触装置的优化　在高密度循环水养鱼生产中，80%以上含颗粒物少的养殖水是不断循环的，仅有 20%的含颗粒物多的水通过一系列处理再回用，循环水经过增氧处理后又直接送入养殖池。在生产过程中，可以根据实际需要，按设计要求对泵进行优化。在泵的吸入口处安装气体喷嘴，利用负压吸入纯氧，气体喷嘴将气体导入泵的叶轮附近，并借助叶轮将气体引入泵的叶片内加压混合。气体喷嘴可以保证气体的稳定吸入和高效溶解。在气体喷嘴前安装气体流量计，以便调节和控制吸气量。气体流量计与吸入管路之间安装启闭阀，这样可以避免每次开启水泵时重新调节吸气流量，同时可以防止关闭水泵时液体倒灌入吸气管路。注入泵的气体中，未能溶解的部分气体会形成大气泡在管路里流动，并在压力调节阀门前形成气窝，影响溶气效果，因此在泵的出口管路上安装两只气液分离罐，促进气体的进一步溶解。气液分离罐上安装自动排气阀。

在实际运行中，需把进口处真空表的负压调至－100毫米汞柱＋0.2帕，出口压力调至3.5帕。经过生产测试，气液混合泵增氧效果显著，在常压下，水温为30℃时，用纯氧增氧，出口处的溶解氧浓度为27.6毫克/升；用空气增氧，出口处的溶解氧浓度为13.0毫克/升（在该温度下，标准状况的氧气饱和溶解度为7.6毫克/升）。该泵的唯一缺点是流量较小（约5米³/时），系统生产运行中要求每小时流量约为50米³/时，考虑运行能耗及项目投资，可以对气液混合泵出口进行设计，见图5-2。总输送水管直径为90毫米，气液混合泵出口直径为32毫米，在出口25厘米处，两台泵合并为一直径为40毫米通道，垂直装入供水总管，在总管中部安装90°弯头，这样，从气液混合泵来的富氧水从总管中心流入，被周围水流挟裹着进入各养殖池，可

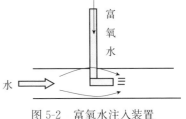

图5-2　富氧水注入装置

以保证在输送过程中氧气不会产生逸散。经测量，在水温为29℃时，养殖池喷嘴处的溶解氧浓度约为17毫克/升。

需要注意的是，在陆基工厂化循环水系统中，作为水体氨氮和亚硝态氮的重要处理环节，生物滤池的曝气也非常重要，生物滤池的曝气建议选用吹吸两用气泵（DLB层叠式气泵），功率为5.5千瓦，流量为700米³/时。该气泵除了能满足生物滤池使用要求外，还可作为养殖池的紧急备用气源。

第二节　陆基工厂化循环水 pH 调控

在陆基工厂化循环水系统中，调节 pH 使其在养殖对象的最适范围内，不仅对平衡养殖池内生物的生长起着重要作用，还会对水中的微生物产生重要影响。例如，在生物滤池中，硝化反应过程使有毒的氨和亚硝酸盐氧化为相对无毒的硝酸盐，硝化过程产生 H^+ 离子，降低了系统的 pH，而 pH 的变化会反过来影响硝化细菌和反硝化细菌的数量，在酸性条件下硝化细菌不能正常生长。24 小时内 pH 的变化一般不宜超过 2，否则说明水体处于极不稳定的状态，极易造成"倒水""倒藻"现象，导致养殖动物的大量死亡。本节讨论了养殖系统中 pH 缓冲系统

及其和 pH 的基本关系，以及如何利用其相互关系来调控循环系统 pH 维持在一个允许的范围内。

在多数天然水系统中，pH 缓冲系统的主要物质是碳酸盐类（Morel，1983）。同样的，循环水养殖系统中的碳酸盐缓冲系统也支配着系统的 pH。

一、陆基工厂化循环水中 pH 缓冲系统的组成

碳酸盐缓冲系统由 H_2CO_3、HCO_3^- 和 CO_3^{2-} 三部分组成。这三部分的摩尔浓度用 C_T 表示，代表了系统中总无机碳浓度，但养殖系统中的 H_2CO_3 浓度很低。用式（5-6）可表示为：

$$C_T = [H_2CO_3] + [HCO_3^-] + [CO_3^{2-}] \qquad (5\text{-}6)$$

碳酸盐系统按照水中 CO_2 是否能和空气中 CO_2 交换和平衡，分为挥发系统和不挥发系统，混合条件和水力滞留时间决定了封闭循环水养殖系统是不挥发系统还是挥发系统。

1. 不挥发系统

碳酸盐系统的摩尔浓度 C_T 值大小由 pH 决定，式（5-7）、式（5-8）、式（5-9）给出了这些方程式（Bisogni 等，1991）：

$$[H_2CO_3] = C_T / (1 + K_1/[H^+] + K_1 \times K_2/[H^+]^2)$$
$$(5\text{-}7)$$

式中：K_1、K_2 为碳酸的第一次和第二次离解常数；$C_T = f(pH, P_{CO_2})$。

$$[HCO_3^-] = C_T / (1 + [H^+]/K_1 + K_2/[H^+]) \qquad (5\text{-}8)$$
$$[CO_3^{2-}] = C_T / (1 + [H^+]/K_2 + [H^+]^2/K_1 \times K_2)$$
$$(5\text{-}9)$$

系统总的酸中和能力是所加酸的中和能力之和，当足量的酸加入系统时，所有的碳酸盐（HCO_3^-、CO_3^{2-}）转化为 H_2CO_3，总的酸中和能力 [ANC] 可定义为：

$$[ANC] = [HCO_3^-] + 2[CO_3^{2-}] + [OH^-] - [H^+]$$
$$(5\text{-}10)$$

2. 挥发系统

当 CO_2 是易挥发的，并和空气中的 CO_2 保持平衡，则可用亨利定律来描述空气和溶解的 CO_2 之间的平衡关系。

$$[CO_{2\,aq}] \approx [H_2CO_3] = P_{CO_2} \times K_H \qquad (5\text{-}11)$$

式中：K_H——CO_2的亨利常数〔摩尔/（升・帕）〕；

$CO_{2\,aq}$和P_{CO_2}——CO_2的分压（帕）。

把式（5-7）、式（5-8）、式（5-9）代入式（5-6），得：

$$[HCO_3^-] = \frac{P_{CO_2} \times K_H \times K_1}{[H^+]} \qquad (5\text{-}12)$$

$$[CO_3^{2-}] = \frac{P_{CO_2} \times K_H \times K_1 \times K_2}{[H^+]^2} \qquad (5\text{-}13)$$

如果挥发系统用强碱滴定，其平衡式和不挥发系统是相同的，挥发系统酸的中和能力可表示为：

$$ANC = \frac{P_{CO_2} \times K_H \times K_1}{[H^+]} + 2\frac{P_{CO_2} \times K_H + K_1 \times K_2}{[H^+]^2} + [OH^-] - [H^+]$$

$$(5\text{-}14)$$

3. 挥发系统和不挥发系统的 pH 变化

pH 是指水体中氢离子浓度的对数，而水体碱度就是指碱性程度（ALK），若碱度用 pOH 表示，则两者的和为14。挥发系统和不挥发系统的 pH 都是由系统〔ALK〕（ALK 可表示为毫克/升，以 $CaCO_3$）计决定的。若〔ALK〕＝0.000 7 毫摩尔/升，则挥发系统的 pH＝8.2，不挥发系统的 pH＝7.0。大多数系统都表现为挥发系统，但从未实现真正的空气平衡，碱度表达式（5-10）和式（5-14）中任何项的增加或减少都会使 pH 发生变化，在下文中将进一步讨论由于生物的硝化反应带来的碱度变化和 pH 变化。

二、陆基工厂化循环水中的硝化反应

前面章节已经对硝化反应有详细的讨论，硝化过程中的两步反应都有能量产生，这些能量可用于细胞的合成和生长，在反应过程中，氧是电子接受者，因此曝气环境是硝化过程的必要条件。

1. 硝化和反硝化过程的生物量合成

亚硝化菌和硝化细菌的生物量合成反应可用式（5-15）表示：

$$NH_4^+ + HCO_3^- + CO_2 + H_2O \rightarrow C_5H_7O_2N + 5O_2 \qquad (5\text{-}15)$$

式中 $C_5H_7O_2N$ 代表了亚硝化菌和硝化细菌的生物量。

合成反应需要能量输入，在反应过程中氧化 NH_4^+ 和 CO_2 产生了能

量。氧化 1 摩尔 NH_4^+ 所产生的能量要远少于产生 1 摩尔细菌细胞（$C_5H_7O_2N$）需要的能量，因此，总的硝化反应方程式为：

$$NH_4^+ + 1.83O_2 + 1.98HCO_3^- \rightarrow$$
$$0.021C_5H_7O_2N + 0.98NO_3^- + 1.041H_2O + 1.88H_2CO_3$$

$$(5\text{-}16)$$

式（5-16）显示，氧化 1 摩尔的 NH_4^+ 要消耗 1.98 摩尔的 HCO_3^-，补充碱的速率必须等于碱性破坏的速率，以维持 pH 是一相对恒定的值。

2. pH 和碱度的衡量指标

pH 和碱度是管理封闭循环系统水质平衡的两个最重要的指标，两者取决于碱性破坏的速率（硝化速率）和碱性补充的方式。

（1）碱性破坏速率　在封闭循环水养殖系统中，硝化反应较完全，因此饲料蛋白和鱼粪便分解产生的氨可以全部转化为硝酸盐，如果忽略饲料蛋白质的直接水解，可以用式（5-17）来表示硝化反应速率 NR（单位为毫克/天）。该式假定饲料和粪便中的氮含量接近于其干物质量。

$$NR = F \times N_{feed} \times F_{fecal} \quad\quad (5\text{-}17)$$

式中：F——喂食率（毫克/天）；

N_{feed}——饲料中 N 含量；

N_{fecal}——饲料转化为粪便的系数。

（2）碱性补充的方式　评价碱性补充的标准是使用方便、价格低廉和可溶性好。一般来说，混合物如 $MgCO_3$ 是避免使用的，因为它在一定的 pH 条件下溶解速度很慢。与可溶性相关的问题是，当用 $CaCO_3$ 作为碱性补充物时，其可能沉淀。这不是一个严重的问题，因为沉降的 $CaCO_3$ 能够以悬浮物存在并提供一碱性缓冲池，这个池可以保证在硝化速率突然增加时稳定 pH，当然沉淀的 $CaCO_3$ 将导致 pH 的轻微降低。

在选择添加物时，另一个重要考虑的因素是使用过量的潜力。$NaOH$ 和 Na_2CO_3 的可溶性很好，碱性相对较强，两种试剂过量使用都可以；$NaHCO_3$ 可溶性很好，但碱性较弱，超剂量使用很困难。表 5-3 列出了几种碱性物质及其特点。

表 5-3　碱性物质特性

化学分子式	俗名	分子质量	可溶性	溶解速度
NaOH	氢氧化钠	40	高	快
Na_2CO_3	碳酸钠/苏打粉	106	高	快
$NaHCO_3$	碳酸氢钠/发酵粉	84	高	快
$CaCO_3$	碳酸钙/方解石、石灰石	100	中等	中等
CaO	生石灰	58	高	中等
$Ca(OH)_2$	氢氧化钙/熟石灰	74	高	中等
$CaMg(CO_3)_2$	白云石	162	中等	慢
$MgCO_3$	碳酸镁/菱镁矿	84	中等	慢
$Mg(OH)_2$	氢氧化镁	58	中等	慢

三、pH 调控设计实例

假定设定的 pH 等于补充水和原先系统中的 pH，以每个池体积 13 600升为例：

补充新水量：40～500 升/天；

补充的新水中的碱性：100 毫克/升（以 $CaCO_3$ 计）；

喂食量：5 千克/天；

饲料中的蛋白质：33%（干物质）；

设定的 pH 范围：6～8；

水温：25 ℃。

Speece（1975）发表数据，推算约 40% 的饲料是以粪便形式排出的，如果饲料中含有 5% 的氮（按 15% 的饲料蛋白质重量计算），从饲料直接水解的氮是很少的，用于硝化作用的氮是饲料量的 2%（40% 的 5%），即：$N_{feed} \times F_{fecal} = 0.05 \times 0.4 = 0.02$。

如果选择 $CaCO_3$ 用于碱性补充，查图 5-3 可得补充物的干重是喂饲料量的 15%，$CaCO_3$ 每天的添加量 $= 0.15 \times 5 = 0.75$（千克/天）。数量还需根据补充物的纯度做调整，例如，如果 $CaCO_3$ 的纯度是 90%，则

要求的试剂量为：$0.75/0.9＝0.83$（千克/天）。

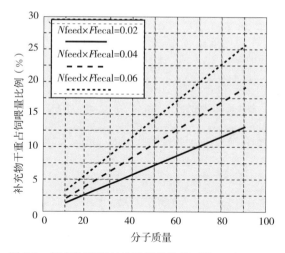

图 5-3　补充物碱度与分子质量关系（Bisogni，1991）

第六章

陆基工厂化循环水养殖系统生物过滤原理与设计

陆基工厂化循环水养殖系统生物过滤单元是循环水养殖系统的关键，它利用生物滤池中生物滤料表面上附着的各种细菌将水中的有害物质转化为毒性比较小的物质，根据其作用机理可分为两种主要的处理过程，并由不同类型的细菌来承担：①矿物化作用：生物滤池中的矿物化由异养菌（Heterotrophic Bacteria）来承担，其主要作用是分解养殖系统中的有机物，包括鱼的排泄物、残饵、其他微生物的细胞等，在这个过程中复杂的大分子有机物被分解成为简单的无机物，如蛋白质分解为氨基酸，并最终分解为氨氮，碳水化合物分解为二氧化碳和水。②硝化作用：硝化是生物滤池的主要作用，由亚硝化细菌（Nitrosomonas）和硝化细菌（Nitrobacter）将毒性较高的 $NH_3\text{-}N$ 分解为低毒性的 $NO_3^-\text{-}N$，实现养殖尾水的循环利用。

第一节 生物过滤原理

循环水养殖系统中，生物过滤通常指采用生物膜的方法进行水质调控。这里主要介绍生物滤料上覆盖的生物膜及其水质净化原理。

一、生物膜及其形成

在有机分子、微生物及载体填料表面的共同作用下，通过物理、化学和生物反应过程可以形成微生物膜。当养殖尾水经过生物滤料表面时，尾水中的微生物会附着在载体表面，在供氧条件下吸附并分解废水中的有机物，以获得养料及能量，自身得以增殖，形成一层含有大量微生物的生物膜。随着微生物不断增殖，生物膜逐渐加厚，厚度达到一定程度后其结构发生改变。膜表面与尾水直接接触，营养丰富，

溶解氧浓度高，为好氧层。在溶解氧无法进入的深部形成了厌氧层，厌氧层随生物膜的增厚而加厚。因此，生物膜由好氧层和厌氧层组成。

二、生物膜的微生物群落

生物膜中的微生物与活性污泥中相似，有细菌、真菌、藻类、原生动物、后生动物及一些肉眼可见的小水生动物（如蛾、蝇、蠕虫）等。生物膜食物链比活性污泥的食物链长。生物膜中的生物有固着型的纤毛虫（如钟虫、累枝虫、独缩虫等）及游泳型的纤毛虫（如管虫、尖毛虫、豆形虫等），能提高滤池的净化速度和整体处理效率。此外，生物膜中的滤池扫除生物，如轮虫、线虫、寡毛类的沙蚕、颚体虫等，有去除池内污泥、防止污泥积聚和堵塞的功能。

生物膜附着在滤料上相对固定，尾水经过生物膜时，表层和内层的生物膜得到的营养是不同的，这样使不同位置的微生物种群和数量也存在差异，致使微生物相是分层的。若把滤池式反应器生态系统分上、中、下3层，则上层营养浓度高，大多是细菌，有少数鞭毛虫；中层微生物除得到尾水中的营养外，还有上层微生物的代谢产物，微生物的种类比上层稍多，有菌胶团、球衣菌、鞭毛虫、变形虫、豆形虫、肾形虫等；下层因有机物浓度低，低分子的有机物较多，其微生物种类更多，除有菌胶团、球衣菌外，还有以钟虫为主的固着型纤毛虫和少数游泳型纤毛虫。

若处理的有机物浓度低而氨氮浓度高时，生物膜一般较薄，上层除长有菌胶团外，还长有较多的藻类（上层阳光充足所致）、钟虫、盖纤虫等，此时中、下层菌胶团长得不好。

三、生物膜生化反应过程

按照污水处理生物反应器中微生物的生长状态，污水生物处理可划分为悬浮生长工艺和附着生长工艺，前者是活性污泥法，后者是生物膜法。生物膜法是与活性污泥法平行发展起来的工艺，在许多情况下不仅可以代替活性污泥法用于城市污水的二级处理，还可用于有机废气和臭气的生物处理。

陆基工厂化循环水养殖系统采用生物膜法，其优点包括运行稳定、抗冲击负荷、更为经济节能、无污泥膨胀问题、具有一定的硝化-反硝化功能、可实现封闭运转。

生物膜的增长过程一般认为与悬浮微生物的增长过程类似，主要经历适应期、对数增长期、稳定期及衰减期。法国科学家 Capdeville 教授等对生物膜的增长过程进行了大量的试验研究，认为生物膜整个生长过程可分为 6 个阶段。

（1）潜伏期（适应期）　微生物在经历不可逆固着过程后逐步适应生存环境，并在载体表面逐渐形成小的、分散的微生物菌落。此阶段持续时间取决于进水底物浓度及载体的表面特性。

（2）对数期（动力学增长期）　此阶段，在适应期形成的分散菌落迅速增长，固着微生物以最大速度在载体表面增长并覆盖载体表面，到动力学增长期末生物膜厚度可达数十微米（≥50 微米）。此阶段，污染物降解速率很高，底物浓度迅速降低，大量溶解氧被消耗，到此阶段后期供氧水平往往成为进一步去除底物的限制性因素。大量实验事实表明，此阶段结束后，生物膜反应器的出水底物浓度基本上达到其稳定值。可见，在生物膜反应器的实际操作与运行中，动力学增长阶段极为重要，决定了反应器内底物的去除效率及生物膜自身增长代谢的功能。

（3）线性增长阶段　此阶段表现为生物膜在载体表面上以恒定速率增加。其主要特点是：出水底物浓度不随生物量的积累发生显著变化；在好氧条件下，好氧生物膜的耗氧率保持不变；在载体表面上的生物膜形成了完整的三维结构。

由于线性增长阶段生物膜量的增加没有带来底物去除率的提高，表明有一部分生物量在代谢方面不具有生物活性。因此，不少学者提出生物膜的生物量可划分为两类，即活性生物量（M_a）和非活性物质量（M_i）。则生物膜的总量（M_b，单位为千克/米^3）为：

$$M_b = M_a + M_i \tag{6-1}$$

M_a 主要代表新生菌落，存在于菌落的表面及边缘部分，主要负责降解进水底物。而 M_i 代表在底物降解过程中不再起任何作用的生物膜量，这部分生物膜量主要集中在菌落的内部。

大量实验表明，在动力学增长期末、线性增长期初，活性生物量已经达到其最大值〔$(M_a)_{max}$〕，所以，线性增长期新生的生物膜量与非活性物质量基本相等。

（4）减速增长期 此阶段，生物膜在某一质量和膜厚上达到稳定的过滤期。Rittmann等认为，在减速增长期，生物膜对水力剪切作用极为敏感。这种水力剪切作用限制了新细胞在生物膜内的进一步积累。在减速增长期末，生物膜质量及厚度都趋于稳定值，生物膜系统自身运行接近稳态。

（5）稳定期 此阶段，生物膜相及液相均已达到稳定状态。其主要特点是生物膜新生细胞与由于各种因素造成的生物膜损失达到平衡。此时，生物膜厚可达数百微米。

生物膜稳定期的长短与运行条件（如底物供给浓度、流体剪切应力等）密切相关。

（6）脱落期 随着生物膜的成熟，部分生物膜发生脱落。影响生物膜脱落的因素主要有：①生物膜内部的细菌自溶作用；②内部厌氧层过厚；③生物膜与载体表面间相互作用的改变；④生物膜上重力及剪切应力的变化；⑤进水中含有抑制剂或毒性物质。

生物膜脱落期的主要特点：生物膜脱落易造成出水悬浮物浓度增高，直接影响出水水质；生物膜部分脱落易引起底物去除率降低。因此，从实用角度而言，应尽量避免生物膜反应器在脱落期运行。

四、硝化过程、动力学及特点

（一）硝化过程

含氮污染物是水产养殖环境中主要的污染物之一，尤其是氨、亚硝酸盐对鱼类的毒害作用大，在高密度循环水系统中对氨、亚硝酸质的处理（或降解）尤为重要。氨是蛋白质分解代谢的主要终产物，由鱼通过鳃以游离态氨排放出去。氨、亚硝酸盐和硝酸盐均极易溶于水。氨以两种形式存在：游离态 NH_3 和离子化 NH_4^+，两者（$NH_3 + NH_4^+$）之和称为总氨或氨。在化学中通常以含氮量来表示无机含氮物质，常见的化学指标如 NH_4^+-N（离子态氨氮）、NH_3-N（游离态氨氮）、NO_2^--N（亚硝酸盐氮）和 NO_3^--N（硝酸盐氮）。

在水中氨的两种形态的相对浓度主要取决于pH、温度和盐度等因素。由表6-1可知（Emerson et al.，1975），pH或温度的升高会导致游离态氨氮的比例增大。例如，当温度为20℃、pH为7.0时，游离态氨氮的占比只有0.39%，但当pH为10时上升至79.83%。

表 6-1　游离态氨氮在各种不同 pH 及水温条件时的占比（%）

pH	水温（℃）								
	16	18	20	22	24	26	28	30	32
7.0	0.29	0.34	0.39	0.46	0.52	0.60	0.69	0.80	0.91
7.2	0.46	0.54	0.63	0.72	0.83	0.96	1.10	1.26	1.44
7.4	0.73	0.85	0.98	1.14	1.31	1.50	1.73	1.98	2.26
7.6	1.16	1.34	1.56	1.79	2.06	2.36	2.71	3.10	3.53
7.8	1.82	2.11	2.44	2.81	3.22	3.70	4.23	4.82	5.48
8.0	2.86	3.30	3.81	4.38	5.02	5.74	6.54	7.43	8.42
8.2	4.45	5.14	5.90	6.76	7.72	8.80	9.98	11.29	12.72
8.4	6.88	7.90	9.04	10.31	11.71	13.26	14.95	16.78	18.77
8.6	10.48	11.97	13.61	15.41	17.37	19.50	21.78	24.22	26.80
8.8	15.66	17.73	19.98	22.41	25.00	27.74	30.62	33.62	36.72
9.0	22.73	25.46	28.36	31.40	34.56	37.83	41.16	44.53	47.91
9.2	31.80	35.12	38.55	42.04	45.57	48.09	52.58	55.99	59.31
9.4	42.49	46.18	49.85	53.48	57.02	60.45	63.73	66.85	69.79
9.6	53.94	57.62	61.17	64.56	67.77	70.78	73.58	76.17	78.55
9.8	64.99	68.31	71.40	74.28	76.92	79.33	81.53	83.51	85.30
10.0	74.63	77.36	79.83	82.07	84.08	85.88	87.49	88.92	90.19
10.2	82.34	84.41	86.25	87.88	89.33	90.60	91.73	92.71	93.38

通过滤池去除氨氮的过程称为硝化作用，硝化反应分两步进行：氨首先被氧化成亚硝酸盐，亚硝酸盐再被氧化为硝酸盐。该反应中两步过程是依次进行的。由于第一步反应比第二步具有更高的动力学反应速率，总的反应速率由氨氧化反应控制。

亚硝酸盐是硝化反应过程中氨转化为硝酸盐的中间产物。尽管亚硝酸盐通常一产生就会被立即转化为硝酸盐，但若缺少了生物氧化，较高的亚硝酸盐水平会对鱼类产生毒害。高浓度的亚硝酸盐意味着生物滤池即将失败，应该加以重视。进入血液中的亚硝酸盐量取决于水中的 N/Cl 比。氯的增加可减少亚硝酸盐的毒性。氯的水平可以通过添加盐（NaCl）或 $CaCl_2$ 来提高。

硝酸盐是硝化作用的最终产物，也是含氮物质中毒性最低的物质。在循环水系统中，硝酸盐浓度水平通常由日水交换量决定。在水交换量较低和水力停留时间较长的系统中，反硝化作用作为控制方法变得

日渐重要。

（二）硝化动力学

氨或亚硝酸盐的氧化速率很大程度上取决于两者在水溶液中的浓度。在纯培养体系中，硝化作用的速率可用莫诺特方程表示：

$$R = \frac{R_{\max}S}{K_s + S} \qquad (6-2)$$

式中：R——底物去除率［克/（米^3·天）］；

$\quad R_{\max}$——最大底物去除率［克/（米^3·天）］；

$\quad S$——限制底物浓度（毫克/升），常为 NH_4^+ 或 NO_2^-，有时为溶解氧（DO）；

$\quad K_s$——半饱和常数（毫克/升）。

假设没有其他限制因子如 DO，则该方程可用来描述 NH_4^+ 或 NO_2^- 的去除速率。该方程的两个重要特性是：①当底物浓度较高时（NH_4^+＞2 毫克/升），底物去除呈零级反应，即为常数值。②当底物浓度较低时（NH_4^+＜1 毫克/升），则呈线性或一级方程，即与底物浓度呈比例关系。

有研究将影响硝化反应速率的 20 多种物理、化学和生物因素分成了三大类。第一类包括直接影响微生物生长、形成生物膜的因素，如 pH、温度、碱度和盐度。第二类为对微生物所需营养的供给产生影响的因素，如底物浓度（NH_4^+）、溶解氧（DO）和生物滤池内由混合或湍动程度控制的营养物质的转移。第三类是那些同时对生长和营养供给产生影响的因素，如与异养细菌对营养和空间的竞争。

（三）硝化作用特点

生物滤池可以作为控制氨氮的有效方法。滤池系统中本质上有两种菌属共同完成硝化作用，即从无机物中获得能量的化能自养型细菌和从有机物中获得能量的异养型细菌。氨氧化细菌（AOB）通过将游离态氨转化为亚硝酸盐获得能量，包括亚硝化单胞菌属、亚硝化球菌属、亚硝化螺菌属、亚硝化叶菌属和亚硝化弧菌。亚硝酸盐氧化细菌（NOB）包括硝化杆菌属、硝化球菌属、硝化螺菌属和硝化刺菌属，将亚硝酸盐氧化为硝酸盐。硝化细菌常为自养型细菌，以 CO_2 作为无机碳源。硝化细菌还常为好氧型细菌，需要在有氧条件下生存。

硝化细菌通常和异养微生物如异养细菌、原生动物和微型后生动物共存于生物滤池中，其中异养微生物分解可生物降解的有机物。异养细菌比硝化细菌生长得快。当溶解性有机物和颗粒有机物浓度较高时，生物滤池中异养细菌在竞争空间和氧气时比硝化细菌更有优势。因此，生物滤池的原水应尽可能含有最小浓度的总固体物质。

1. 化能自养型细菌硝化反应

一般认为，生物滤池系统典型的启动时期特点是：14 天时氨浓度达到最大，28 天时亚硝酸盐浓度达到顶峰，21 天后硝酸盐浓度逐渐增加。在生物滤池中预加入氨和亚硝酸盐可以加速该反应过程。为安全考虑，在一个新系统中应观察到亚硝酸盐浓度开始下降时才可将鱼放入水中。亚硝酸盐浓度下降的现象可作为生物滤池运行良好的指示。

亚硝化单胞菌属：$NH_4^+ + 1.5O_2 \rightarrow NO_2^- + 2H^+ + H_2O$ （6-3）

硝化杆菌属：$NO_2^- + 0.5O_2 \rightarrow NO_3^-$ （6-4）

总反应式：$NH_4^+ + 2O_2 \rightarrow NO_3^- + 2H^+ + H_2O$ （6-5）

硝化作用的总反应式和细胞生物量的形成也可写成如下形式。

亚硝化单胞菌属：$55NH_4^+ + 5CO_2 + 76O_2 \rightarrow C_5H_7NO_2 + 54NO_2^- + 52H_2O + 109H^+$ （6-6）

硝化杆菌属：$400NO_2^- + 5CO_2 + NH_4^+ + 195O_2 + 2H_2O \rightarrow C_5H_7NO_2 + 400NO_3^- + H^+$ （6-7）

总反应式（Ebling et al.，2006a）为

$NH_4^+ + 1.83O_2 + 1.97HCO_3^- \rightarrow 0.024\ 4C_5H_7NO_2 + 0.976NO_3^- + 2.90H_2O + 1.86CO_2$ （6-8）

利用式 6-8 的化学计量关系式，每克 NH_4^+-N 转化为 NO_3^--N 需要消耗 4.18 克溶解氧、7.05 克碱（1.69 克无机碳），产生 0.20 克微生物（0.105 克有机碳）和 5.85 克 CO_2（1.59 克无机碳）。需要注意的是，每克 NH_4^+-N 消耗氧和碱的量要少于常规报道的 4.57 克和 7.14 克。这是由于在该方程中有一部分 NH_4^+-N 转化成生物量。一般来说，由于生物量相对于其他因素来说较小，因而不包含在化学计量关系式中。通过加入化学药剂如氢氧化物、碳酸盐或重碳酸根离子使碱度维持在100～150 毫克/升（以 $CaCO_3$ 计）。$NaHCO_3$ 相对安全、易获得，且能较快速充分地溶于水中，因而常选用 $NaHCO_3$ 作为碱。总的来说，在硝化反应中每千克投饵量大约需要 0.25 克 $NaHCO_3$ 来弥补损失的碱度。

表 6-2 总结了自养型细菌代谢 1 克 NH_4^+-N 时的化学计量数，包括有机碳和无机碳的消耗量和产生量。

表 6-2　自养型细菌代谢 1.0 克 NH_4^+-N 时的化学计量数（Ebeling et al.，2006）

	项目	化学计量数	消耗量（克）	产量（克）	有机碳（克）	无机碳（克）	氮（克）
反应物	NH_4^+-N	—	1.0	—	—	—	1.0
	碱度	7.05 克碱	7.05	—	—	1.69	—
	O_2	4.18 克 O_2	4.18	—	—	—	—
产物	VSS_A	0.20 克 VSS_A	—	0.20	0.106	—	0.024
	NO_3^--N	0.976 克 NO_3^--N	—	0.976	—	—	0.976
	CO_2	5.85 克 CO_2	—	5.85	—	1.59	—

注：VSS_A 代养自养菌挥发性悬浮固体（即自养菌生物量）。

相对于异养型生长，自养型细菌硝化过程中产生的生物量较少；悬浮生长工艺中硝化细菌最大生长率相对较低，且比起固定膜系统较易于被冲走。如果没有污泥回流将细菌返回到水处理系统，则硝化细菌的减少就更加突出。另外，在硝化过程中会消耗大量碱并产生较多 CO_2。如果原水的碱度很低（这是关键因素），就需要加入碱如 $NaHCO_3$、石灰、NaOH 来维持适宜的碱度（100～150 毫克/升，以 $CaCO_3$ 计），尤其是对于水交换量有限制的系统。如果消耗的碱量没有得到补充，系统的 pH 会下降。降低的 pH 会使水中无机碳的形态发生改变，使之从 HCO_3^- 转变为溶解性 CO_2。溶解性 CO_2 的增多会影响一些水生物。尽管 CO_2 的浓度可通过脱气塔（除碳器）来控制，但通过泵使水和空气通过处理系统需要消耗大量能量。反应终产物是 NO_3^--N，NO_3^--N 在适宜浓度如几百毫克每升时对养殖生产系统没有毒害作用。

2. 异养型细菌硝化反应

以 NH_4^+-N 为氮源，异养型细菌对 NH_4^+ 的去除一般可由下列化学关系式表示（Ebeling et al.，2006）：

$$NH_4^+ + 1.18C_6H_{12}O_6 + HCO_3^- + 2.06O_2 \rightarrow C_5H_7NO_2 + 6.06H_2O + 3.07CO_2$$

$$(6-9)$$

由式 6-9 可知，将每克 NH_4^+-N 转化为微生物需要消耗 4.71 克溶解氧、3.57 克碱度（0.86 无机碳）和 15.17 克碳水化合物（6.07 克有机碳）；同时产生 8.07 克微生物（4.29 克有机碳）和 9.65 克 CO_2（2.63 克无机碳）。相对于相应的硝化反应，需氧量略大，碱需要量缩减 50%，CO_2 产生量多出约 75%。最重要的是，微生物的产量是硝化反应中产生生物量的 40 倍，分别对应 8.07 克和 0.20 克。表 6-3 总结了

NH_4^+-N 通过异养型细菌转化的化学计量数。

表 6-3　以碳水化合物为基质，异养型细菌代谢 1.0 克

NH_4^+-N 的化学计量数（Ebeling et al.，2006）

项目		化学计量数	消耗量（克）	生成量（克）	有机碳（克）	无机碳（克）	氮（克）
	NH_4^+-N	—	1.0				1.0
反应物	$C_6H_{12}O_6$	15.17 克 $C_6H_{12}O_6$	15.17		6.07		
	碱度	3.57 克碱	3.57			0.86	
	O_2	4.71 克 O_2	4.71				
产物	VSS_H	8.07 克 VSS_H		8.07	4.29		1.0
	CO_2	9.65 克 CO_2		9.65		2.63	

注：VSS_H 代表挥发性悬浮物。

在总的异养型细菌的反应中有几方面是比较重要的。最重要的是，与自养型细菌硝化反应相比较，异养型细菌硝化反应中产生了大量的生物量。这样就需要另外的固体管理来去除过量的总悬浮颗粒物（TSS）。第二个问题是一定量的碱作为碳源被消耗（每克 TAN 消耗 3.57 克），并由此导致较高的 CO_2 产生量（每克 TAN 产生 9.65 克）。低碱度的水需要额外添加碳酸盐，常添加 $NaHCO_3$ 以维持适合的碱度（100~150 毫克/升，以 $CaCO_3$ 计），尤其对于限制水交换的系统。结果对于依赖于悬浮或附着型异养细菌，零交换生产系统常常表现出碱度的少许降低、高悬浮固体产生量和高 CO_2。最后在纯的异养型系统中没有 NO_2^--N 和 NO_3^--N 的产生。硝化每克 NH_4^+-N 需要 4.57 克 O_2、7.07 克碱度（以 $CaCO_3$ 计）。

3. 光能自养型硝化反应（以藻类为基础的系统）

除了滤池系统可以进行硝化反应去除氨氮以外，传统水池净水系统可以利用藻类的生物合成去除大部分的无机氮。利用藻类除氮的系统是光能自养型系统，常被称为绿色水系统，其利用藻类的自然生长来控制氮。以藻类为基础的系统的主要缺点是：溶解氧、pH 和 NH_4^+-N 的日变化范围大，还有藻密度的长期改变和频繁死亡。传统池内未加控制的藻类每天每平方米可固定 2~3 克碳。管理良好的高速率混合池可获得更高的合成速率，每天每平方米可固定 10~12 克碳。

以 NH_4^+ 作为氮源，海藻的生物合成一般可用下列化学计量关系式

来表示：

$$16NH_4^+ + 92CO_2 + 92H_2O + 14HCO_3^- + HPO_4^{2-} \rightarrow C_{106}H_{263}O_{110}N_{16}P + 106O_2$$

$$(6\text{-}10)$$

或者，以 NO_3^- 作为氮源：

$$16NO_3^- + 124CO_2 + 140H_2O + HPO_4^{2-} \rightarrow$$
$$C_{106}H_{263}O_{110}N_{16}P + 138O_2 + 18HCO_3^- \qquad (6\text{-}11)$$

式中 $C_{106}H_{263}O_{110}N_{16}P$ 表示海藻的化学式。

在第一个关系式 6-10 中，每消耗 1 克 NH_4^+-N 需要 3.13 克碱度（以 $CaCO_3$ 计）。在第二个关系式 6-11 中，每消耗 1 克 NO_3^--N 需要 4.02 克碱度（以 $CaCO_3$ 计）。通过这些关系式可知，将 1 克 NH_4^+-N 转化为海藻，需消耗 18.07 克 CO_2；将 1 克 NO_3^--N 转化为海藻需要 24.4 克 CO_2。相应地，对于每克 NH_4^+-N 产生 15.14 克 O_2，每克 NO_3^--N 产生 19.71 克 O_2。最后，消耗每克 NH_4^+-N 或 NO_3^--N 会产生 15.85 克的海藻。表 6-4 总结了各化学计量数，包括在此过程中消耗和产生的无机碳及有机碳。

表 6-4　光能自养型藻类代谢 1.0 克 NH_4^+-N 的化学计量数（Ebeling et al.，2006）

	项目	化学计量数	消耗量（克）	生成量（克）	有机碳（克）	无机碳（克）	氮（克）
反应物	NH_4^+-N	—	1.0	—	—	—	1.0
	CO_2	18.07 克 CO_2	18.07	—	—	4.93	—
	碱度	3.13 克碱	3.13	—	—	0.75	—
产物	VSS_{Algea}	15.85 克 VSS_{Algea}	—	15.85	5.67	—	1.0
	O_2	15.14 克 O_2	—	15.14			

注：VSS_{Algea} 代表藻类挥发性悬浮物。

五、硝化作用影响因素

影响硝化反应的主要因素有底物浓度、温度、pH、溶解氧、盐度和滤料等。例如，硝化反应中可生物降解有机碳与氮的比（C/N）被认为是影响硝化反应系统设计与运行的关键因素之一。异养型细菌的最大生长速率（约 5 代/天）远大于硝化细菌最大生长速率（约 1 代/天）。在相对最适C/N比的系统中，异养型细菌也能快速增长，并且极大地抑制硝化反应的进行。相比 C/N 为 0 时，当 C/N 在 1.0～2.0 时，总氨氮去除率下降 70%。随着有机物浓度的增加，硝化反应速率下降。但当有机物浓度过高时，则无显著影响。又如，在循环水养殖系统中，几乎所有的水循环系统都会使用固定膜生物反应器，硝化细菌生长在潮湿或浸没于水中的介质表面。生物滤池的氨去除效率很大程度上依赖于能够供硝化细菌生长的总表面积。为获得最大效率，所使用介质必须有较大表面积，如比表面积，并有适当的空隙率使系统有适宜的水力性能。生物滤池中所使用的滤料必须具有化学反应惰性、不可压缩、不可生物降解的性质。在生物滤池中使用的典型介质有砂、压碎的石块或河中的沙砾，或呈细珠状的塑料及陶质材料，或大的球体、环或鞍状物。生物滤池需要谨慎设计以避免供氧不足及固体、生化需氧量（BOD）或氨氮的负荷过量。

（一）温度

尽管没有足够的研究来量化温度对固定膜硝化反应速率的影响，但正如对所有化学和生物动力学反应产生影响一样，温度对悬浮生长系统中硝化反应速率也产生重要影响。已有研究通过实验室实验、数学模型和灵敏性分析，研究了温度对硝化反应速率的影响。结果显示，对于固定膜生物滤池，温度对硝化反应速率的影响要低于范特霍夫方程的推算。更特殊的是，当没有氧限制时，在固定膜生物反应池内，温度为14～27℃条件下，温度对硝化反应速率没有显著影响。

Wortman 和 Wheaton（1991）提出了方程 6-12 来计算（相对）硝化速率（温度范围为7～35℃）。

$$v = 140 + 8.5T \qquad R^2 = 0.89 \qquad (6\text{-}12)$$

式中：v——氨氮去除速率［毫克/（升·天）］；

T——运行温度（℃）。

例如，根据上式计算，17℃下的硝化反应速率是27℃条件下的77%。该值比据 Arrhenius 关系式的估算值要小。据 Arrhenius 关系式，当水温下降10℃，速率会下降50%。

文献报道的硝化反应的最适温度是一个较宽的范围。这表示如果缓慢适应，硝化细菌能够适应较宽的环境温度范围。然而在实际应用中，生物滤池中的运行温度一般是据所培养的物种需要决定的，而不是生物滤池中的细菌需要。

（二）pH

硝化反应最适宜的 pH 范围是7.0～9.0。亚硝化单胞菌的最适 pH 范

围是 7.2～7.8，而硝化杆菌的最适 pH 范围是 7.2～8.2。对硝化细菌，维持 pH 在最适范围的较低值附近也许较佳，这样可以减少 NH_3 对所培养鱼类的影响。另外，若 pH 在短时间内快速变化超过 0.5～1.0 个单位则会影响滤池，并需要一段时间使微生物适应新的环境条件。

（三）碱度

碱度可用于衡量水系统的缓冲性能。从硝化动力学可知，每克 NH_4^+-N 转化为 NO_3^--N 需要消耗 7.05 克碱。碱度的损失可以通过加入 $NaHCO_3$ 即常说的小苏打或其他碳酸氢盐来弥补。硝化反应是酸形成过程。如果生物滤池中的水未调节好，系统 pH 就会下降，进而影响滤池性能。

（四）溶解氧

由于进水中溶解氧水平低和异养细菌对溶解氧的竞争性需求，氧气在某些滤池中是速率的限制因素。每克 NH_4^+-N 氧化成 NO_3^--N 需要 4.57 克 O_2。已有研究发现得出：当 DO 大于 2.0 毫克/升时，DO 对亚硝化单胞菌属的生长速率影响很小；但当 DO 低于 4 毫克/升时，硝化杆菌属的生长速率降低。Wheaton（1985）和 Malone 等（1998）的研究表明：生物滤池出水中 DO 至少为 2 毫克/升时才可能使硝化反应速率达到最大值。

（五）氨浓度

氨浓度本身就会直接影响硝化速率。通常在一些有限的浓度范围内随着氨水浓度的增加，生物滤池性能按比例上升。这种线性比例关系存在于低浓度（2～3 毫克/升）条件下。这种线性上升会在某些点下降，最终恢复为恒定去除率。已有研究还发现，当氨水和亚硝酸盐浓度极高，远远高于在水产业应用的预期浓度时，积聚的氨水会抑制硝化作用的进行。

（六）有机物

循环水系统由于其特殊本质含有大量的溶解性和颗粒有机物。这些有机物为与硝化细菌竞争生存空间的异养细菌提供底物。异养细菌的最大增长速率是自养型硝化细菌的 5 倍，生物量是自养型硝化细菌的 2～3 倍。

（七）盐度

关于盐度对硝化反应作用的研究有限。盐度与温度、pH 相似，在给定的充分时间内硝化细菌可以适应几乎任何盐度范围。相对于淡水而言，海水中的平均去除率会降低约 37％。已有研究表明，在海水盐度为 21～24 条件下运行的商业渔场，在移动床生物反应器中的硝化速率是预期淡水中的 60％ 左右。大量的研究人员包括作者们发现，细菌在盐水中完全适应生物滤池比在淡水中需要更长时间。当盐浓度急剧变化大于 5 克/升时，会对硝化细菌产生冲击，同时降低氨氮和亚硝酸盐的去除速率。

（八）湍动强度

湍动强度会影响含有细菌的静止水膜的厚度和水中营养物质转移到生物膜的速率。随着滤池中流速增大，氨去除率变大。关于湍动强度在提高生物滤池中硝化反应速率的影响的资料有限。过度冲刷（高水流速）或磨损（沙粒）对生物膜生长和膜层厚度有不利影响。

第二节　生物滤池设计

一、基本设计参数

下列术语通常应用在生物滤池的设计和特性描述中。

空隙：是指没有被生物滤池的介质占据的空间。空隙率是空隙体积占生物滤池总体积的比率。高空隙率就是有大的空间可以使固体物质通过滤池，从而减少堵塞。

剖面区域（截面）：是指从水流方向看滤床得到的那部分区域。滤池的顶部区域通常是滤池设计中最后考虑的因素，以获得所需要的水力承载速率。

水力承载速率：是指单位时间单位滤池截面积通过的水体积，常表示为米^3/（米^2·天）。生物滤池通常有最小和最大水力承载速率（表 6-5）。

比表面积：是指单位体积介质的表面积。介质的比表面积越大，单位体积介质上能生长的细菌越多，单位体积滤池的总氨去除量就越大。介质的尺寸、空隙率和比表面积是相互联系的，尺寸越小，比表面积越大，空隙率越小。

TAN 体积转化率：是指每天单位体积条件下转化为硝酸盐的 TAN 的质量［克/（米^3·天）］。

TAN 表面积转化率：是指每天单位表面积条件下转化为硝酸盐的

TAN 的质量 [克/（米² · 天）]。

表 6-5　基于体积和面积的 TAN 转变速率和水力承载速率

介质种类	TAN 转变基准	TAN 转变速率（按每天每平方米计）		水力承载速率 [米³/（米² · 天）]
		15~20℃	25~30℃	
水淋或旋转生物接触器（100~300 米²/米³）	介质的表面积	0.2~1.0 克	1.0~2.0 克	100~800 (Kamstra et al.，1998)
粒状（珠状/沙砾）（>500 米²/米³）	介质的体积	0.6~0.7 千克	1.0~1.5 千克	

　　用于描述生物滤池性能的术语通常与介质的体积或表面积相关。尽管硝化反应速率与介质表面积相关，但对于流化砂床和其他粒状介质，由于测量实际的介质表面积有困难，相较于以每单位表面积表示速率，用每单位体积表示要更简单。

　　生物滤池构造的设计参数见表 6-6，包括：滤池的物理尺寸、滤料性能（类型、密度、尺寸和比表面积）、水流速度和滤池性能等。对于基本生物滤池的设计，并不是所有的设计参数都是必需的，但许多参数在对比可选择的设计方案时是有用的。

表 6-6　生物滤池构造的关键设计特性或参数（Colt et al.，2006）

参数	参数来源或基础	单位	符号
滤池高度	测量；从池底到池顶	厘米或米	H_{tank}
水深	测量	厘米或米	H_{water}
出水高度	测量；从池底到出水管底	米	$H_{discharge}$
滤池容积-未加填料	计算	米³ 或升	V_0
滤池截面积	计算	米²	A_{cross}
总有效表面积	计算	米²	A_{media}
填料体积	计算	米³	V_{media}
反应器容积	计算	米³	$V_{reactor}$
水力承载速率	$1.44Q_{filter}/A_{cross}$	米³/（米² · 天）	L_{hyd}
填料水力承载速率	$1.44Q_{filter}/A_{media}$	米³/（米² · 天）	L_{media}
床层高度-未流动	测量	厘米或米	BH_0
床层高度-运作	测量	厘米或米	BH_{op}
布水系统	制造商或提供商	套	
浸没	测量	%	D

（续）

参数	参数来源或基础	单位	符号
转速	测量	转/分	ω
生物滤池流量	测量或计算	升/分	Q_{filter}
补给水流量	测量或计算	升/分	Q_{mu}
养殖单元水流量	测量或计算	升/分	Q_{ru}
再利用水流量	测量或计算	升/分	Q_{reuse}
排出水流量	测量或计算	升/分	Q_{out}

　　填料（滤料）设计关系到微生物的生长和处理效果，填料的关键设计参数见表 6-7。

表 6-7　填料的关键设计特性或参数（Colt et al.，2006）

参数	参数来源或基础	单位	符号
制造商	制造商或提供商		
类型	制造商或提供商		
公称尺寸	制造商或提供商	毫米或厘米	
材料	制造商或提供商		
填料尺寸	制造商或提供商	厘米或厘米×厘米	
比表面积	制造商或提供商或测量	米^2/米^3	SSA
填料密度	制造商或提供商	千米/米^3	SG

养殖系统供水关键设计特性和参数见表 6-8。

表 6-8　养殖系统一般供水的关键设计特性或参数（Colt et al.，2006）

参数	参数来源	单位	符号
养殖品种	运行者		
投喂速率和饲料种类	估算或资料	千克/天	FR
投喂频率	运行者	次/天	
饲料的蛋白质含量	N×6.25	%	
饲料负荷	10^6FR/1440Q_{mu}	毫克/升	CFB
累积氧消耗量		毫克/升	COC
累积承载量	kg/Q_{ru}	千克/（升·分）	CL
总氨氮	计算	毫克/升	TAN_{in}
$NO_2^- \text{-} N$	计算	毫克/升	$NO_2^- \text{-} N_{in}$

（续）

参数	参数来源	单位	符号
$NO_3^- $-N	计算	毫克/升	$NO_3^- $-$N_{in}$
5 日生化需氧量	计算	毫克/升	BOD_5
化学需氧量或总有机碳	计算	毫克/升	COD_{in} 或 TOC_{in}
碱度	计算	毫克/升（以 $CaCO_3$ 计）	ALK_{in}
pH	计算		pH_{in}
溶解氧	计算	毫克/升	DO_{in}
CO_2	计算	毫克/升	CO_{2in}

滤池性能的关键水质设计特性或参数见表 6-9。

表 6-9 滤池性能的关键水质设计特性或参数（Colt et al.，2006）

参数	参数来源	单位	符号
温度	测量	℃	T
总氨氮$_{出水}$	测量	毫克/升	TAN_{out}
$NO_2^- $-$N_{出水}$	测量	毫克/升	$NO_2^- $-$N_{out}$
$NO_3^- $-$N_{出水}$	测量	毫克/升	$NO_3^- $-$N_{out}$
TAN 去除率	（TAN_{in} － TAN_{out}）/TAN_{in}	%	PTR
滤池系统比	1 440Q_{filter}（TAN_{in} － TAN_{out}）/（去除的 TAN·d）	%	FSR
ΔO_2	DO_{out} － DO_{in}	毫克/升	ΔO_2
ΔCO_2	CO_{2out} － CO_{2in}	毫克/升	ΔCO_2
ΔpH	pH_{out} － pH_{in}	毫克/升	ΔpH
$NO_2^- $-N 产生量	（$NO_2^- $-$N_{out}$ － $NO_2^- $-$N_{in}$）/$TAN_{in}$	%	$NO_2^- {}_{gen}$
$NO_3^- $-N 产生量	（$NO_3^- $-$N_{out}$ － $NO_3^- $-$N_{in}$）/$TAN_{in}$	%	$NO_3^- {}_{gen}$
TAN 容积转换速率	1 440Q_{filter}（TAN_{in} － TAN_{out}）/V_{media}	毫克/（米^3·天）	VTR
亚硝酸盐容积转换速率	$VTR+VNR_A$	毫/（米^3·天）	VNR
TAN 表观转换速率	1 440Q_{filter}（TAN_{in} － TAN_{out}）/A_{media}	毫/（米^2·天）	STA
氧容积消耗速率	1 440Q_{filter}（DO_{in} － DO_{out}）/V_{media}	毫克/（米^3·天）	$VOCR_{tot}$

（续）

参数	参数来源	单位	符号
硝化细菌的氧容积消耗速率	$(3.47VTR+1.09VNR) \times 0.92$	毫克/（米^3·天）	$VOCR_{nit}$
异养细菌的氧容积消耗速率	$VOCR_{tot} - VOCR_{nit}$	毫克/（米^3·天）	$VOCR_{het}$
氧消耗比	$VOCR_{tot}/VOCR_{nit}$	%	OCR
泵消耗电量（平均每天）	用实际水头损失、床层高度和70%的效率计算	千瓦	P_{pump}
其他电量（平均每天）	测量或估算	千瓦	P_{other}
总电量（平均每天）	由上述参数计算	千瓦	P_{tot}
氨去除效率	$1\,440Q_{filter}$（$TAN_{in} - TAN_{out}$）$/24P_{tot}$	毫克/千瓦时	ARE
氨去除效率（系统）		毫克/千瓦时	ARE_{sys}
氧利用效率	（$1\,440Q_{filter}\Delta DO$）$/24P_{tot}$	毫克/千瓦时	OUE

描述滤池-养殖系统关键的系统性能的参数见表 6-10。

表 6-10　滤池-养殖系统关键的系统性能（Colt et al.，2006）

参数	参数来源	单位	符号
体积供料能力	投喂量/单位时间/V_{media}	千克/（米^3·天）	VFC
体积生物量	生物量/V_{media}	千克/米^3	VBC
体积供料效率	$VFC/24P_{tot}$	千克（米^3·千瓦时）	VFCE
体积生物量效率	$VBC/24P_{tot}$	千克（米^3·千瓦时）	VBCE
悬挂强度（loop strength）	10^6 投喂量/单位时间/$1440Q_{ru}$	毫克/升	LS

二、生物滤池构型

一个理想的高密度循环水养殖系统（RAS）生物滤池应该能够充分利用介质的表面积，将进水中的氨完全去除，产生很少的亚硝酸盐，氧气转移量最大化，需要相对小的空间，使用廉价的介质，水头损失最小，需要少量维护即可运行，不会截留固体物质（引起堵塞）。然而，没有一种生物滤池能够满足以上所有的理想条件。每种滤池有其自身的优点、缺陷和最佳应用条件。通常大规模的商业循环系统趋向于使用粒状滤池（膨胀床、流化床和固定床反应器）。常用于高密度

RAS 的生物滤池类型包括：半浸没生物滤池、水淋生物滤池、旋转接触池（RBC）、悬浮珠生物滤池、移动床生物反应器、流化床生物滤池等。对于高密度 RAS 采用何种构型，要根据养殖规模、品种、水质设计参数、占地面积等进行经济技术比较后确定。

根据细菌的生长方式，过滤膜分成两种：悬浮生长和固定膜。一般来说，固定膜生物反应器比悬浮生长系统稳定得多。在传统的高密度循环水生产系统中，大型的固定膜生物反应器通过氨氧化细菌（AOB）和亚硝酸盐氧化细菌（NOB）的硝化作用将 NH_4^+-N 氧化为 NO_3^--N。在高密度循环水系统中，可通过从系统中快速去除固体物质和水交换将异养细菌的增长和有机碳的积累最小化。在固定膜生物滤池中，一薄层细菌包裹在滤料介质上，溶解性营养物质和氧气通过扩散作用转移进入生物膜中。维持生物膜的介质有许多种，包括石块、贝壳、沙砾、塑料等。能维持生物膜并具有可观比表面积的物质可考虑作为滤料。固定膜滤池的主要缺点是：很快会被异养细菌抑制，导致其性能急剧下降。生产中，根据供氧方式和过量生物膜处理方式将固定膜生物滤池细分为以下基本类型。

（一）非浸没式生物滤池

非浸没式滤池通过水和空气在介质上的多级混合来保证生物膜表面高水平的 DO。在喷淋滤池中，水通过敞口式塔阶流过介质。在旋转生物接触池中通过缓慢旋转介质使水依次进入和走出水池，使滤料保持潮湿。过量的生物膜以脱落的形式处理掉，脱落需要相对大的孔隙以防止阻塞。该滤池的优点是通风和利于 CO_2 的逃逸。

1. 喷淋滤池

喷淋滤池由固定滤料床组成，预过滤后的废水从床层顶部喷淋下来。废水向下流过好氧生物膜薄层，溶解性物质扩散到生物膜上被硝化细菌消耗。当水流过滤料时，水不断地被充氧，并且水中的 CO_2 被流动的空气带出。喷淋滤池被广泛应用于水产业中，因为它们易于建造和运行，并且可以有效地排出 CO_2，价格适中。

关于喷淋滤池的设计标准已有报道。对于温水系统的常用设计值是：水力承载速率 $100\sim250$ 米^3/（米^2·天）；滤料厚度 $1\sim5$ 米；滤料比表面积 $100\sim300$ 米^2/米^3；TAN 去除率 $0.1\sim0.9$ 克/（米^2·天）。由于在较低水温和相对小的滤料比表面积下，硝化速率会降低，喷淋滤池还未应用于大规模的冷水系统。喷淋滤池已被用于较小的鱼类苗种孵化系统，该系统中负荷低且变化大。

喷淋滤池顶部需要留有空间来安装分水器，底部要敞开以保证最佳通风。在一些设计中，喷淋滤池被用作第一个池来进行分水，并且底部是闭合的。在这些设计中，需要安装鼓风机来强制通风。除了硝化作用和 BOD 的去除，喷淋滤池还适用于 CO_2 的去除，以及温暖气候下蒸汽的冷凝。这两种情况都需要对流过滤池的气流进行控制。考虑到这些，喷淋滤池的顶部空间要闭合，并连接到通风系统。为达到最佳脱气效果，应取最小气水比在 5～10，并且需将滤床高度设为最小值。若通气速率较高，则夏天增强的蒸发作用有助于水系统的冷却。强制通风可以阻止滤池内外温度基本一致时发生的气流停滞。停滞的空气降低了局部氧分压，导致水池曝气不良，最终会降低滤池的硝化性能。

2. 旋转生物接触器

旋转生物接触器（RBC）或生物转盘滤池是一种固定膜生物反应器，由穿于同一中心轴的圆盘组成，起初用于处理生活废水。过滤器常串联安装于液泛隔间内，循环水在隔间内流动，滤盘一半浸没于水中，另一半暴露在空气中。滤盘缓慢转动（1.5～2.0 转/分）使生物活性介质交替地与含有营养的循环水以及空气接触，空气提供氧气给生物膜。早期设计的 RBC 是用波状的玻璃纤维粗纱材料制成，现在的 RBC 是用具有较大比表面积（258 米²/米³）的介质制成，这样减小了物理尺寸并提高了氨和亚硝酸盐的去除性能。生产中推荐的 RBC 水力承载设计值最大为 300 米³/（米²·天）。

RBC 在水行业中有与生俱来的优势，因为它们能够自曝气，水头损失极小，运行费用低，利于脱气，可保持连续的有氧处理环境。另外，由于滤料在水中旋转可使松散的生物膜脱落，RBC 还具有自动清理的优点。该系统主要的缺点包括：①运行的机械本质；②由于滤料上生物量的承载和轴及轴承上组合承载引起的重量增加；③获得每单位硝化反应所需花费相对较高（是流化床滤池或微珠滤池的几倍高）。另外，早期使用的 RBC 经常采用欠安全设计的轴和机械零件，易导致机械故障，但设计合理的 RBC 是有效且可靠的。

（二）浸没式生物滤池

固定膜生物滤池的第二个主要类型是浸没式生物滤池，该类型滤池

易受到溶解氧（DO）等条件的限制。当通过滤池的水流中携带充足的氧气且可转移到生物膜上时，可考虑采用这种形式。当氧气不足时，可采用高循环率、内部循环利用或对进水进行增氧等方式来增加水中的溶解氧。此外，当进入生物膜的氨扩散是速率限制因素，而不是 DO 时，浸没式生物滤池首先需要考虑最大化比表面积以促进硝化作用。浸没式生物滤池的三种基本类型是按对堆积生物膜的处理方式进行划分的。

1. 膨胀床

膨胀床能使滤料不断膨胀（扩大）。这些过滤器不会截留固体物质，并且生物膜不断地被磨损。这种类型的系统使用的滤料具有极高的比表面积，如很细小的沙子或小塑料珠。在水产业中应用的膨胀床生物滤池包括：微珠滤池、流化床滤池和移动床生物反应器。

（1）微珠滤池　微珠滤池是水淋和粒状类型生物滤池的混合体，以下流式结构运行。进水在滤床顶部分流，然后水穿过滤料淋下来，依靠重力流出反应容器。滤料使用的是浮力较大的聚苯乙烯珠子，密度为 16 千克/米^3，比表面积是 3 936 米^2/米^3（以 1 毫米的珠子为例）。滤料的孔隙率是 36%～40%：较新的珠子孔隙率接近 40%，使用后的珠子孔隙率是 36%。珠子与可处理饮水杯是同样的材料，是原结晶聚合体经蒸汽加热处理制成的。

微珠滤池和较常用的上浮式珠状滤池是完全不同的。上浮式珠状滤池在加压容器中运行，使用的介质只有很小的浮力。沙子和微珠滤料每单位体积价格较便宜。上浮式珠状滤料对应体积所需要的珠子的质量（约 700 千克/米^3）使得滤料相对沙子或微珠滤料是比较昂贵的。相对于上浮式珠状滤池滤料（直径约为 3 毫米），微珠滤池使用的是聚苯乙烯微珠，直径为 1～3 毫米。相对于同样适用于大型生产系统的流化床滤池，微珠滤池是比较低价的选择。微珠滤池的关键优势是：运行过程中使用低压头高流量的泵，因而运行成本是传统的流化床滤池的50%。为了便于设计，假设温水系统中进水 NH_4^+-N 浓度为 2～3 毫克/升，硝化速率约为 1.2 千克TAN/（米^3·天）。冷水中的硝化速率是温水的 50%。这些速率与流化床滤池相似。

（2）流化床滤池　流化床滤池在一些大型的污水处理系统中（15～150 米^3/分）已有应用。它们的主要优点是：滤料的比表面积大，通常为分级砂或很小的塑料珠。流化床滤池中沙子的比表面积为 4 000～45 000米²/米³。流化床滤池易于建成大型规模,每单位处理容量的建造费相对较低。流化床滤池可有效去除氨氮;在冷水性鱼类养殖系统中每单位水通过量氨去除率一般为 50%～90%,每天每立方米膨胀床的硝化速率为 0.2～0.4 千克总氨氮。在温水系统中,每天每立方米膨胀床的去除速率为 0.6～1.0 千克总氨氮。流化床滤池的主要缺点是:用泵使水通过生物滤池的高花费和流化床滤池不够使水通风;另外,由于悬浮固体控制不好和生物淤积,流化床滤池更难运行,且存在严重的维护问题。

在流化床滤池中,水可以向上或向下流过滤料空隙,流向取决于滤料的相对密度。当通过滤床的水流速度大到足以使滤料悬浮在流动水体中时,滤床开始流化,引起其体积扩大。由此引起的滤料湍动使过量的生物膜剥落下来。结果是在装配相对紧密的单元内有高的硝化性能,但以使滤料流化的高能耗为代价。

(3)移动床生物反应器 相比于喷淋滤池和旋转生物接触器的运行和维护问题而言,移动床生物反应器(MBBR)的显著优点是低维护成本。MBBR 技术现在广泛应用于欧洲污水处理厂和小型及大型商业化水产养殖系统。

MBBR 是附着型生长的生物处理工艺,可持续运行,低压头损失,不易堵塞的生物膜反应器,具有高生物膜比表面积,且不需要反冲洗。细菌在滤料载体上生长,并且可以在反应器的水中自由移动。反应器既可以为硝化作用提供好氧条件,也可以为反硝化作用提供缺氧条件。对于硝化反应,通过提供流动空气创造好氧条件,使滤料等速运动;对于反硝化反应,则使用浸没的搅拌器创造缺氧条件。

因为较高的填充率会降低搅拌速率,滤料通常占到反应器容积(通常填充率为 50%)的 70%。用出水口滤网或垂直放置的格栅、矩形网筛、垂直或水平放置的圆柱形条筛将滤料截留在反应器内。大多数常用的滤料(Kaldnes K1)由高密度聚乙烯(密度为 0.95 克/米³)制成,小圆柱形,圆柱内部为交叉十字形,外部为鳍状物。其他滤料也有使用,然而所有滤料均具有提供生物膜生长的保护区域的特性。反应器内的搅动使滤料保持恒定的运动,产生了洗涤效果,防止堵塞并且使过量的生物膜脱落。由于 MBBR 是附着型生长的工艺,处理性能随滤料的比表面

积而改变。对于 Kaldnes K1 滤料，生物膜的比表面积是 500 米^2/米^3；填充率为 50%时为 250 米^2/米^3；填充率为 70%时为 350 米^2/米^3。

2. 可膨胀式滤池

可膨胀式滤池采用空气、水或机械搅拌器进行间歇性膨胀。过量的生物膜通过滤料被搅动时的磨蚀来去除，接着在再次引入水之前沉淀出来。可膨胀生物滤池可像机械滤池一样运行，进行固体去除、氨去除；并如生物沉淀池一样完成固体截留和硝化作用。上浮式珠状滤池是一种常见的可膨胀生物滤池。

上浮式珠状滤池是可膨胀的粒状滤池，它具有与砂滤池相似的生物沉淀性能。它们可作为物理过滤装置或去除固体的沉淀池，同时提供较大的表面积供硝化细菌附着。硝化细菌可消耗水中的溶解性含氮废物。由于珠状滤池的一个单元同时具有生物滤池和沉淀池的功能，它常被作为生物沉淀池。

上浮式珠状滤池不易导致生物淤积，常只需要少量的水进行反冲洗。在反冲洗过程中，珠状滤池常采用的是气泡冲洗或推进器冲洗。反冲洗使滤床膨胀并将截留固体从珠状滤料上剥离下来。珠状滤料采用的是直径为 3～5 毫米的食品级聚乙烯材料，相对密度为 0.91，适宜比表面积为 1 150～1 475 米^2/米^3。珠状滤池的优点包括标准和小巧的设计，易于安装和运行。另外，珠状滤池还可用作去除固体和进行硝化作用的混合滤池。

3. 固定静态填充式滤池

该填充滤池不需要对堆积的生物膜或固体物质进行管理。固定静态填充式滤池有浸没式石块生物滤池、塑料填充床和贝类填充滤池。固定静态填充式滤池完全依赖于内源呼吸来控制生物量的堆积。水可以从底部向上流（逆流），也可以从上部往下流（顺流）。这样可通过调节水流速度来控制水的停留时间。用于浸没式生物滤池的滤料通常采用大尺寸，如直径大于 5 厘米的统一碾碎的石块或直径大于 2.5 厘米的塑料介质。然而直径为 5 厘米的统一碾碎的石块比表面积只有 75 米^2/米^3，空隙却很大——大于 95%。这种滤池的缺点包括：低溶解氧和固体物质堆积、有机物（饲料）的高承载量、逆流洗涤困难。尽管过去这种滤池被提倡，并应用于水产行业。但由于其本身存在建造成本高、生物淤积和运行成本高等问题，如今在水产行业已经被取代。

三、生物滤池设计案例

生物滤池的建造应参考相关的设计规范，并考虑不同养殖种类的生物学和水质需求。所有生物滤池的设计都是为了达到一个目的：氧化 NH_4^+-N 和 NO_2^--N 为 NO_3^--N。因此，设计的生物滤池应该能将产生的 NH_4^+-N 全部氧化，且有安全极限来应对突发事件。

生物滤池设计中较难计算的因素之一是需氧量，使之能够同时适用于养殖的物种和生物滤池。通过化学计量式可知，需氧量可低到每千克投喂量 0.37 千克溶解氧（0.25 克用于鱼的新陈代谢，0.12 克用于硝化作用）。然而为了达到设计目的，建议在设计时使用每千克投喂量 1.0 千克 O_2。以作者的经验，对于任何规模的商业化运行系统最佳最有效的氧使用量约为每千克投喂量 0.5 千克 O_2。

以年产 500 吨的系统为例，进行生物滤池的设计。养殖系统各个阶段的生产参数见表 6-11 和表 6-12。

表 6-11　养殖鱼类三个阶段的初始和最终体重及体长

	初始体重和尺寸	最终体重和尺寸	每池的最终池生物量	每天的最终投喂量
鱼苗生产	50 克	165 克	2 195 千克	61.7 千克
	13.4 厘米	19.9 厘米		
小鱼	165 克	386 克	5 134 千克	109 千克
	19.9 厘米	26.4 厘米		
成鱼	386 克	750 克	9 827 千克	170 千克
	26.4 厘米	32.9 厘米		

表 6-12　养殖鱼类三个阶段的最终生物密度和池尺寸

	鱼密度（千克/米³）	池容积（米³）	池深（米）	池径（米）
鱼苗生产	82.9	26.5	1	5.8
小鱼	110	46.6	1.2	7.0
成鱼	137	72.8	1.5	7.9

设计的第一步是计算鱼和生物滤池需要的溶解氧。在该案例中，氧需要量估计为每千克投喂量 0.25 千克溶解氧。如前所述，需氧量很难确定。需氧量一定要基于现有系统的性能，或根据文献数据来估算。对于 RBC 和 MBBR 生物滤器，周围的环境会为硝化作用和所有的异养

细菌提供所需要的氧气。这样，所有的氧需要量就只需供给鱼新陈代谢。对于浸没式生物滤池，鱼新陈代谢和生物滤池需要的氧完全是靠进水中的氧来满足的。

1. 设计案例：喷淋塔

喷淋塔的硝化速率是基于滤料的有效比表面积获得的。由于喷淋塔是自充气的，需氧量由鱼的新陈代谢限制。在此案例中，使用的需氧量为每千克饲料 0.25 千克溶解氧，并且假设不包含水中异养细菌的需氧量，喷淋塔为滤料上的硝化细菌提供了足够的氧气。

商品鱼养殖系统生物滤池的第一选择是使用喷淋塔生物滤池，其滤料的 SSA 一般选取为 200 米^2/米^3。水流量的选择是根据鱼对溶解氧的需求量决定的。生物滤池的尺寸按照每日 TAN 的生成速率确定，而 TAN 生成速率直接由 170 千克/天的投料率决定〔TAN 产生量约为每天投喂饲料量（含 35%蛋白质）的 3.2%〕。

步骤 1：计算溶解氧需要量（R_{DO}）。

$$R_{DO} = a_{DO} \times r_{feed} \times \rho \times V_{tank}$$

式中 a_{DO} 表示每投喂 1 千克饲料消耗 0.25 千克 O_2；r_{feed} 表示每天每千克成鱼体重需投喂饲料 0.0173 千克（由每天最终投喂速率/每池最终生物量计算得到）；ρ 表示养殖密度 137 千克/米^3；V_{tank} 表示鱼池容积 72.8 米^3。

计算结果 R_{DO} 为每天消耗 43.1 千克 O_2。

步骤 2：根据鱼需要的溶解氧量计算水流量（Q_{tank}）。

假设：$DO_{inlet} = 14.2$ 毫克/升（50%氧充气系统），$DO_{tank} = 5$ 毫克/升（温水：28℃）：

$$Q_{tank} = \frac{R_{DO}}{DO_{inlet} - DO_{tank}}$$

计算结果 Q_{tank} 为 3 250 升/分。

确认每小时池交换速率是否能够满足固体的有效去除要求：

$$池交换速率 = \frac{V_{tank}}{Q_{tank}} = \frac{72.8 m^3 \times \dfrac{1\,000 L}{m^3}}{3\,250\, \dfrac{L}{min}} = 22.4(分钟)$$

池交换速率为 22.4 即每小时水交换量约为 3。这个值已经足够，必要时可以减少（如水交换量为 2），决定于池水力学和固体去除效率。

步骤 3：当投饵速率为 3.2% 时，计算鱼的 TAN 产生量（P_{TAN}）。

$$P_{TAN} = R_{feed} \times a_{TAN}$$

式中 R_{feed} 表示每天投喂 170 千克饲料；a_{TAN} 表示每千克饲料产生 0.032 千克 TAN。

计算结果 P_{TAN} 为每天产生 5.44 千克 TAN。

步骤 4：据 TAN 去除速率（ATR）计算除去 P_{TAN} 需要的滤料的表面积（A_{media}）。根据浸没式喷淋塔的经验，TAN 去除速率的估算值为 0.45 克/（米²·天）。

$$A_{media} = \frac{P_{TAN}}{ATR}$$

计算结果 A_{media} 为 12 100 米²。

需要注意的是对于冷水系统（12~15℃）的应用，当进入水淋槽的 TAN 浓度小于 1~2 毫克/升时，TAN 去除速率只有 0.15~0.25 克/（米²·天）。同时注意在盐水系统（24℃）中，当进入喷淋滤池的 TAN 浓度为 1~2 毫克/升时，TAN 去除速率会降至 0.1~0.2 克/（米²·天）。

步骤 5：根据使用的滤料的比表面积（SSA）计算滤料的体积。如选取的 SSA 是 200 米²/米³。

$$V_{media} = \frac{A_{media}}{SSA} = 60.5（米³）$$

步骤 6：根据鱼需氧量获得的需要的水流量（Q_{tank}）和水力承载速率，计算生物滤池的截面积（$A_{biofilter}$）。为防止滤床堵塞，需要的 HLR 为 255 米³/（米²·天）。

$$A_{bed} = \frac{Q_{tank}}{HLR} = 18.35（米²）$$

根据截面积，单个生物滤池的直径（$D_{biofilter}$）为：

$$D_{biofilter} = \sqrt{\frac{4 \times A_{bed}}{\pi}} = \sqrt{\frac{4 \times 18.35}{3.14}} = 4.83（米）$$

在这个例子中，建议使用两个以上的滤池，从而每个滤池的截面积是（18.35/2≈9.18 米²），直径为 3.42 米。

步骤 7：据生物滤池的截面积（$A_{biofilter}$）和滤料体积（V_{media}）计算

生物滤池的池深。

$$Depth_{media} = \frac{V_{media}}{A_{media}} = \frac{60.5}{18.35} = 3.30(米)$$

除了硝化作用，喷淋滤池还很适于 CO_2 的脱除。而且，它还可用于温暖气候下蒸汽冷凝。喷淋塔中应去除足够量的悬浮固体，以防止滤料堵塞，这一点是非常关键的。为了达到此目的，常在喷淋塔的前面使用网孔尺寸为 30~60 微米的转鼓式滤器。

2. 设计案例：RBC

RBC 的设计是按照与喷淋塔相同的步骤进行的。该步骤的硝化速率基于滤料的有效比表面积获得。由于 RBC 也是自充气的，氧需要量由鱼的新陈代谢限制。该步骤使用喷淋塔设计例子中的最初的设计参数，且与喷淋塔直到步骤 4 之前都是相同的。

步骤 4：据 TAN 去除速率（ATR）计算去除 P_{TAN} 需要的滤料表面积（A_{media}）。

基于对几项商业规模的 RBC 系统所作的研究，建议 TAN 去除速率为 1.2 克/（米^2·天）。该值是对于直径为 1.22 米，表面积为 930 米^2 的商业规模的 RBC。这样，每个 RBC 能够去除约 1.13 千克/天。每小时几乎有一池体积的水流过生物滤池；在 26℃ 条件下，系统 TAN 浓度平均为 3 毫克/升。这就意味着在该设计例子中氨承载量为 5.4 千克/天，5 个这种 RBC 就足够用于除氨。除了硝化作用，RBC 还可脱除大量的 CO_2。

3. 设计案例：上浮式珠状滤池

假设生物滤池被用作生物沉淀池，并且滤器能够很好地进行硝化作用，设计上浮式珠状滤池的珠子体积的基本方法是以有机物体积承载速率为设计依据。由于循环系统中有机物的最终来源是饵料，尺寸标准 V_f 是依饵料承载量而定的（表 6-13）。对于特定的应用所需要的珠子滤料的体积 V_{media}（千克/天）可由最大投料速率 $R_{投喂量}$（千克/天）和上浮式珠状滤器的 V_f〔千克/（米^3·天）〕确定：

$$V_{media} = R_{投喂量} \cdot V_f \tag{6-13}$$

饵料承载量 V_f 为 16 千克/（米^3·天）已被证实在当地的商业化生产系统较稳定。在这种投饵水平下，上浮式珠状滤池可有效地提供固体捕集，降低 BOD 和硝化作用；同时还可维持水质条件使水质适于大多数种类鱼的生长，如总亚硝酸盐水平可望维持在 1 毫克/升以下。V_f 降低到 8 千克/（米^3·天）可有效维持水质条件满足鱼类苗种的饲养要求。最后，对于种鱼繁殖和养殖项目推荐的饲料承载量为 4 千克/（米^3·天）。

表 6-13 上浮式珠状滤器的性能参数表（Malone and Beecher，2000）

性能参数	单位	养成系统	鱼苗系统	种鱼系统
饲料承载量（V_f）	千克/（米^3·天）	≤16	≤8	≤4
TAN 的设计浓度	毫克/升	1.0	0.5	0.3
TAN 的一般浓度	毫克/升	<0.5	<0.3	<0.1
TAN 的体积转换速率	克/（米^3·天）	140～350	70～180	35～150
硝化作用增强的滤料	克/（米^3·天）	210～530	105～270	50～157
氧气的体积消耗速率	千克/（米^3·天）	2.5～3.0	1.4～2.5	0.7～2.5
温度	℃	20～30	20～30	20～30
滤器出水中的 DO	毫克/升	>3.0	>3.0	>3.0
碱度	毫克/升，以 CaCO$_3$ 计	>100	>80	>50
pH	—	7.0～8.0	6.8～8.0	6.5～8.0
快速反冲洗间隔时间	天	1～2	1～3	1～7
缓慢反冲洗间隔时间	天	0.5～1	1～2	1～3

设计上浮式珠状滤池的尺寸的另一种方法是以填料硝化能力为依据。该方法是基于对大量的上浮式珠状滤池的观察得到的。在 TAN 和 NO_2^- 水平在 0.5～1.0 毫克/升的系统，滤池的转化速率（ATR）约为 300 毫克 TAN/（米^3·天）。另外，随着 3 个系统的 TAN 耐受值（0.3、0.5 和 1.0）的升高，观察到的 VTR 值也在增大。VTR 值可用于计算上浮式珠子填料滤池的尺寸：

$$V_{media} = (1.0 - I_s) \frac{R_{TAN}}{VTR}$$

与在前面的案例类似，水流量是根据对溶解氧的需求设定的；上浮式珠状滤池的尺寸是据每日的 TAN 生成速率设定，而 TAN 生成速率直接取决于投饵速率。该例中使用的全是公制。

设计的第一步是计算供给鱼和生物滤池的溶解氧需要量。在该例中，需氧量估计为每千克饲料 0.288 千克溶解氧。需氧量很难确定，必

须根据系统性能或文献资料来估算。若前所述，鱼新陈代谢的需氧量常估算为每千克饲料 250 克溶解氧。假设每克氨转化为硝酸盐需要4.57 克 O_2，则硝化作用的需氧量为每千克饲料 140 克溶解氧。该值不包括异养细菌的需氧量，异养细菌的需氧量为每千克饲料 140～500 克溶解氧。总的需氧量估算约为每千克饲料 0.50 千克溶解氧。以上分析显得每千克饲料 0.288 克溶解氧的需氧量比较低。

步骤 1：计算需要的溶解氧量（R_{DO}）。

$$R_{DO} = a_{DO} \times r_{feed} \times \rho \times V_{tank}$$

计算结果 R_{DO} 为每天消耗 49.7 千克 O_2。

步骤 2：根据鱼对溶解氧的需要量计算需要的水流量（Q_{tank}）。

假设：$DO_{inlet} = 14.2$ 毫克/升（50%氧充气系统），$DO_{tank} = 5$ 毫克/升（温水：28℃）：

$$Q_{tank} = \frac{R_{DO}}{DO_{inlet} - DO_{tank}}$$

计算结果 Q_{tank} 为 3 750 升/分。

步骤 3：当投饵速率为 3.2%时，使用 TAN 产生量（P_{TAN}）的估算式计算：

$$P_{TAN} = a_{TAN} \times R_{feed}$$

计算结果 P_{TAN} 为每天产生 5.44 千克 TAN。

步骤 4：据 TAN 体积去除速率（VTR）计算除去 P_{TAN} 需要的滤料体积（V_{media}）。假设在鱼类的中间育成期养殖，当 TAN 最大值约为 1毫克/升，VTR 为 350 克/（米^3·天）。该设计假定瞬时硝化系数（I_s）为 0.3：

$$V_{media} = (1 - I_s)\frac{P_{TAN}}{VTR} = 10.8 \text{ 米}^3$$

对于水产养殖，上浮式珠状滤池作为生物沉淀池，同时提供固体捕集和生物过滤，这些滤池的尺寸是根据每天的最大投饵量（35%蛋白质）而定的。生物沉淀池被分成了的三个小类以反映水质的变化。对于养殖小鱼、观赏植物、不同阶段的鱼类，对于温水和冷水系统提供了两种不同的负荷指标。在两种情况下，规范都确保 TAN 水平低于0.5 毫克/升。对于种鱼和鱼苗系统，一般要求原水的 TAN 最大浓度要小于 0.3 毫克/升。

4. 设计案例：流化床滤池

使用流化床滤池对一个年产 500 000 千克罗非鱼养殖系统进行设计。正如前面所示，TAN 产生量约为每日投饵量（35％蛋白质）的 3.2％，或更具体地是每日投喂的蛋白质的 0.091％。因此，如果每天养殖养成池系统的投饵量为 170 千克，则 TAN 产生量约为 5.44 千克/天。

表 6-14 中 TAN 去除速率是以一个单位体积为基础表示，而不是以表面积为基础。正如先前所说，低密度滤料提供的硝化速率与滤料的表面积成比例。但当前研究显示，相比于滤料提供的表面积，粒状滤料的硝化速率与滤料体积关系更密切。从硝化速率而言，细砂提供的大的表面积没有优势。然而，与大体积砂粒生物滤池（10％～17％）相比，细砂滤池有更高的 TAN 去除效率（去除率为 90％）。细砂滤池中去除率较高，部分是由于为使砂流化而使用的低运动速度。运动速度越低，反应器中的水力停留时间（HRT）越长，且有更高的氨去除率。缺点是使用的反应器容积要比采用低 HRT 的反应器体积大。

表 6-14 在冷水（15℃）和温水系统中，砂尺寸对 TAN 平均去除率和效能的影响

项目	砂尺寸（最大/最小目）		
	40/70	20/40	18/30
冷水系统（15℃）			
干净的静态床 TAN 去除速率［千克/（米³·天）］	1.5	0.51	0.51
膨胀床 TAN 去除速率［千克/（米³·天）］	0.41	0.35	0.35
每次 TAN 去除效率（％）	90	10	10
温水系统			
干净的静态床 TAN 去除速率［千克/（米³·天）］	NR	～1	～1
膨胀床 TAN 去除速率［千克/（米³·天）］	NR		
每次 TAN 去除效率（％）	NR	10～20	5～10

注：NR 表示因生物膜过量生长，不推荐使用。

从表 6-14 的数据来看，温水养殖系统静态床的硝化速率设为 1.0 千克/（米³·天），冷水系统静态床硝化速率设为 0.7 千克/（米³·天），这是很合理的。

在生物滤池的设计中，最重要的因素是：①每天滤池去除的 TAN 量，即水流过生物滤池产生的物质和穿过生物滤池氨浓度的改变；②滤池的 TAN 去除效率（f_{rem}）。当通过生物滤池的水力承载速率升高

时，每日去除的 TAN 量是增大的。然而，由于变大的水力承载速率缩短了水在滤池中的停留时间，且增加了滤池的负荷，因此增大的水力承载速率降低了 TAN 去除效率。去除效率控制着循环系统中 TAN 的累积量和排出养殖池的 TAN 浓度（TAN_{out}，毫克/升）。TAN_{out} 可由式（6-14）计算：

$$TAN_{out} = \left[\frac{1}{1 - R_{flow} + (R_{flow} \times f_{rem})} \right] \times \frac{R_{TAN}}{Q} \quad (6\text{-}14)$$

式中：R_{TAN} 是废物产生速率（克/天）；R_{flow} 为重复利用的水流比例（％）；Q 是循环流过生物滤池的水流量（米^3/秒）。假设养殖池中没有废物积累，补给水中不含有 TAN，循环系统在稳定状态下运行即水流流速、废物产生速率和处理工艺单元的效率相对稳定，该公式是由这些假设均衡得出的。

式（6-14）中两个单元的相乘实际上代表了"由于重复利用而导致的废物积累"和"池中单个通过量产生的废物浓度"。因此有：

$$TAN_{out} = 由于重复使用而导致的废物积累 \times$$
$$池中单个通过量产生的废物浓度 \quad (6\text{-}15)$$

式中：

$$由于重复使用而导致的废物积累 = \frac{1}{1 - R_{flow} + (R_{flow} \times f_{rem})}$$
$$(6\text{-}16)$$

$$池中单个通过量产生的废物浓度 = \frac{R_{TAN}}{Q} \quad (6\text{-}17)$$

据式 6-16，循环系统中废物的积累取决于 R_{flow} 和通过处理单元的 f_{rem}，即滤池中 TAN 的去除效率。在温和气候下运行的大多数 RAS 重复利用水的比例较高（为了节约加热水），通常每日交换量为系统总的水体积的 5％～100％，相当于重复利用水比例 $R_{flow} \geq 0.96$。在这样的循环系统中，废物积累主要取决于通过水处理单元的 f_{rem}。式（6-15）可简化为：

$$TAN_{out} \cong \frac{1}{f_{rem}} \times \frac{R_{TAN}}{Q} \quad (6\text{-}18)$$

鳟、红点鲑和鲑需要相当清洁的水，且游离氨水平低。因此在为其设计养殖时需要高的 f_{rem}。常在冷水系统中使用含有细砂的流化床滤池，因为这种滤池的 TAN 去除率常可达 70%～90%。使用细砂的流化床滤池也可以提供完全的硝化作用（由于它们可提供过量的表面积），这有助于维持循环系统中较低的 NO_2^--N 浓度（通常低于 0.1～0.2 毫克/升）。

像罗非鱼这样的品种不需要鲑那样的高水质。因此，通过生物滤池的 TAN 去除效率不像滤池中每天去除的 TAN 量那么重要。

由于在较温暖的条件下可能难以控制生物固体的大量生长，在温水系统中不推荐使用细砂。细砂填料滤池在冷水系统中应用时，控制生物固体的生长仍是个问题，但在 12～15℃ 条件下生物固体的生长相对易于控制。

5. 设计案例：微珠滤池

当商业规模的微珠滤池的 TAN 去除效率已知时，最简单的情况是基于实际运行数据设计。所需的总硝化表面积（A_{media}，米²）可据微珠滤池的 TAN 承载量（P_{TAN}，千克/天）和估算的硝化速率 [r_{TAN}，克/（米²·天）] 计算获得。生物反应器的容积（V_{media}，米³）是关于滤池总表面积（A_{media}，米²）和滤料比表面积（SSA，米²/米³）的函数。

微珠滤池的设计与基于滤料有效表面积计算硝化速率的喷淋塔的一套步骤是一致的。使用微珠滤池继续对设计生产量为 500 000 千克/年的养鱼工厂的育成系统进行设计，滤料的 SSA 为 2 520 米²/米³。据鱼和滤池对溶解氧的需求量来确定水流量的需求。生物滤池的尺寸是根据每日 TAN 产生量来设计的，每日 TAN 产生量直接取决于 170 千克/天的投饵量。微珠滤池也需要最小水力承载速率 1 290 米³/（米²·天）。

微珠滤池的设计与基于滤料有效表面积计算硝化速率的喷淋塔的一套步骤是一致的。使用喷淋塔设计案例中的初始设计参数，设计过程直到步骤 4 之前都是相同的。

步骤 4：据 TAN 体积去除率（VTR）计算去除 P_{TAN} 需要的滤料体积（V_{media}）。基于商业系统的实践经验，估算的 TAN 体积去除率为 1.2 千克/（米³·天）。

$$V_{media} = \frac{P_{TAN}}{VTR} = 4.53（米³）$$

Step 5：假设滤池深度的最大值 $D_{media} = 0.45$ 米，计算生物滤池截

面积（$A_{\text{biofilter}}$）：

$$A_{\text{biofilter}} = \frac{V_{\text{media}}}{D_{\text{media}}} = 10.1(\text{米}^2)$$

确保防止滤床堵塞所需的水力承载速率 HLR：1 290 米³/（米²·天）与满足鱼的需氧量所需的水流量 Q_{tank} 相一致。

$Q_{\text{tank}} = HLR \times A_{\text{biofilter}}$

计算结果 Q_{tank} 为每天 13 030 米³。

最后再次确认池交换速率：

$$池交换率 = \frac{V_{\text{tank}}}{Q_{\text{tank}}} = 8(\text{分钟})$$

注意：这是维持鱼池中目标水质所需水流量的 2～4 倍。池交换率为 8 分钟即每小时约有 7 个水交换；对于 fry 和 fingerling 系统该值也很高，但对于鱼类育成系统而言，这已超过了正常设计流量。但是在较高水流量下运作并没什么问题，实际上还会提高水质。不利点是：流量越大，运行成本也越高。对鱼池使用该流量会提升所有的水质条件。可从生物滤池循环利用一部分排出水到进水处，同时提供所需的水力承载速率和减少通过养殖池的总水流量。

步骤 6：据滤池截面积（$A_{\text{biofilter}}$）和容积（V_{media}）计算生物滤池直径（$D_{\text{biofilter}}$）：

$$D_{\text{biofilter}} = \sqrt{\frac{4 \times A_{\text{biofilter}}}{\pi}} = \sqrt{\frac{4 \times 10.1}{3.14}} = 3.6(\text{米})$$

对于微珠滤池，去除足够量的悬浮固体防止滤料堵塞是非常关键的。为达到这一目的，常在微珠滤池的前部使用网孔尺寸为 60～200 微米的转鼓滤器。

6. 设计案例：移动床生物反应器

当某个 MBBR 滤池进水浓度的 TAN 去除效率已知时，最简单的情况就是根据固定的滤池容积、滤料种类、水力承载量、TAN 去除速率和温度这些资料进行设计。据 MBBR TAN 承载量（P_{TAN}，千克/天）和估算的硝化速率［r_{TAN}，克/（米²·天）］计算需要的总硝化表面积（A_{media}，米²）。生物反应器容积（V_{media}，米³）是关于滤池总表面积（A_{media}，米²）和滤料比表面积（SSA，米²/米³）的函数。反应器的形状取决于高度和直径比。

MBBR 的设计与基于滤料有效表面积计算硝化速率的喷淋塔的一套步骤是一致的。使用喷淋塔设计案例中的初始设计参数，设计过程直到步骤 4 之前都是相同的。不同点是 MBBR 的最大承载速率约为 50 千克/天。承载速率越大，简单的充气是不够的，需要更加复杂的搅拌系统。这样在该例中，承载速率在 3 个 MBBR 间平分；对于每个 MBBR，TAN 承载速率为 1.81 千克/天。

步骤 4：根据与使用的滤料有关的体积硝化速率（VTR）计算滤料体积。例如对于 25～30℃的鱼类育成系统，VTR 为 605 克/米^3。

$$V_{media} = \frac{P_{TAN}}{VTR} = 3.0(\text{米}^3)$$

注意：对于冷水系统（12～15℃），当进入到 MBBR 的 TAN 浓度为 1～2 毫克/升时，TAN 体积去除速率降到 468 克/（米^2·天）。

步骤 5：对于高/直径比为 1.0 时，计算生物滤池截面积。高/直径比可在 1.0～1.2 变化，主要取决于搅拌和充氧的效果。直径不应超过 2 米。在该案例中，选择 60% 的填充率时，需要反应池容积为 5.0 米^3。若需要使硝化作用增强，则需要添加滤料至填充率达到 70%。

$$D_{biofilter} = 1/3\sqrt{\frac{4 \times V_{biofilter}}{\pi \times 1.0}} = 1/3\sqrt{\frac{4 \times 5.0}{3.14 \times 1.0}} = 1.83(\text{米})$$

当高/直径比为 1.0 时，需要的反应器高度为 1.83 米。这样池直径为 1.83 米，池高为 2.1 米。进水由池底部的管道进入，出水可以通过开孔管或格栅，防止滤料逃逸。除了硝化作用，MBBR 还可去除一定量的 CO_2。对于 MBBR，去除足够量的悬浮固体以防止滤料阻塞是很重要的，且要提供使积累的固体沉降下来的方法。

陆基工厂化循环水养殖的增氧和消毒技术

第一节　陆基工厂化循环水养殖的增氧技术

一、基本概念和理论

1. 溶解氧

溶解氧指溶解在水中的分子态氧，通常记做 DO，用每升水中氧的毫克数和饱和百分率表示。溶解氧的饱和含量与空气中氧的分压、大气压、水温和水质均有着密切的关系。标准大气压（101.325 千帕）下、在水蒸气饱和、含氧体积分数为 20.94% 的空气存在时，20℃纯水中氧的溶解度为 9.09 毫克/升。

溶解氧是水生生物生长的必要条件之一，不同品种和规格之间溶解氧的需求也各不相同，如体重 98.8 克珍珠龙胆石斑鱼在水温 35℃时耗氧率为（0.228±0.011）毫克/（克·时）（梁华芳等，2014）；体重 425 克的吉富罗非鱼在 25℃水温条件下耗氧率为（0.084 4±0.013 3）毫克/（克·时）（李利等，2010）。同时，适宜的溶解氧水平也有助于鱼类的摄食与生长。Edsall 等（1991）研究发现，虹鳟在 187% 氧饱和度条件下比 95% 氧饱和度条件下平均体重高出 34%。Person-Le 等（2005）通过实验证明，溶解氧含量为 135% 时的大菱鲆较溶解氧含量为 91% 时身体发生变色、活动加快并且摄食量增大。Lygren 等（2000）发现大西洋鲑经 140% ~150% 超饱和溶解氧处理数周，肝脏中的 SOD 和 CAT 活力均升高；Ritola 等（2002）研究发现在超饱和溶解氧水体中，虹鳟 SOD 活力、CAT 活力均上升。

在池塘或网箱养殖条件下，水中的溶解氧主要通过水面和空气的接触、藻类光合作用、水体流动以及辅助增氧设备等方式来维持。而在陆基工厂化循环水养殖系统中水体封闭循环，溶解氧的增加必须依赖更为高效可靠的增氧技术，以满足高密度条件下养殖对象正常摄食和健康快速生长的需要。

2. 氧传递理论

物质从一相传递到另一相的过程，称为物质的传递过程，简称传质过程（羊寿生等，1982）。在天然或人工曝气作用下，空气中的氧气传递到水中的过程就是氧气的传质。对于气体溶解于液体的吸收动力学问题，目前最为流行的就是双膜理论，其基本论点包括：在气液两相间有一个相界面，在相界面两旁各具有气、液面层稳定薄膜，这两个稳定薄膜层主要由气液两相流体的滞留层所组成；在两膜以外的气液两相流中，由于流体的充分湍动，吸收物质的浓度基本上是均匀的，也就是没有任何传质阻力或扩散阻力；无论气液两相中吸收物质的浓度是否达到相际平衡，均认为在相界面处已达到平衡。根据双膜理论，两流体相之间的氧传递基本方程可描述为式（7-1）（张宇雷等，2010）。

$$C_t = C_\infty - (C_\infty - C_0) \, e^{-K_L a \cdot t} \qquad (7\text{-}1)$$

式中：C_t 为 t 时刻溶解氧质量浓度，单位为毫克/升；t 为时间，单位为分钟；C_∞ 为理论饱和溶解氧质量浓度（$t = \infty$ 时，水体内的溶解氧质量浓度），单位为毫克/升；C_0 为初始溶解氧质量浓度（$t = 0$ 时的溶解氧浓度），单位为毫克/升；$K_L a$ 为氧质量转移系数，单位为每分钟。

为了描述系统对氧的传递能力，常采用增氧能力这个指标。标准状态下的增氧能力 Q_s 指在标准条件下（20℃水温，1 个标准大气压），单位时间内水体中溶解氧的增加量[13]，按式（7-2）[14]计算：

$$Q_s = K_L a_{(20)} \times V \times C_{\infty(20)} \times 10^{-3} \qquad (7\text{-}2)$$

式中：$K_L a_{(20)}$ 为 20℃水温条件下的氧质量转移系数，单位为每小时；V 为试验水体体积，单位为米³；$C_{\infty(20)}$ 为标准状态下的理论饱和溶解氧浓度（$t = \infty$ 时溶解氧浓度），单位为毫克/升。

另外，氧利用率是指特定条件下，单位时间内水体中溶解氧质量的增量占供氧质量的百分比，按式（7-3）计算：

$$\varepsilon_s = Q_s / (q \times \mu) \qquad (7\text{-}3)$$

式中：ε_s 为标准状态下（水温 20℃，大气压力 101.325 千帕）的氧利用率，单位为%；q 为气体流量计示值流量换算到标准状态下（温度为 20℃，压力为 101.325 千帕）下的质量流量，单位为千克/时；μ 为

氧气纯度，单位为％。

3. 氧源

（1）空气　空气是水产养殖系统中最常使用的氧源，利用合适的风机或空压机，用户可以方便地将空气输送到养殖水体中，通过鼓风曝气实现快速增氧。风机的挑选需要重点考虑风压和风量两个技术指标。其中，风压的选择取决于释放空气位置的深度、供气管道的摩擦损失和空气扩散器的阻力；风量的选择取决于养殖生物和系统对溶解氧的需求以及气液传质过程的效率。

（2）氧气　由于空气中只含有21％左右的氧气，因此使用空气作为氧源时的增氧能力要远低于直接使用氧气。在陆基工厂化循环水养殖生产中，氧气的使用主要通过3种形式：氧气瓶、液氧（LOX）储罐和制氧机。

我国常用的氧气瓶容积有4升、10升、15升和40升4种规格，压力上限为15兆帕，换算为大气压就是147个大气压。以10升氧气瓶为例，理论上可以存储1 470升氧气。但是，考虑到温度变化和瓶体质量等因素，一般情况下充装量在1 000～1 300升范围内。由于成本和容量的限制，氧气瓶一般被用作应急备用系统，并通过组合形式连接在一起以提高容量（图7-1）。

图7-1　氧气瓶组

液氧是氧气在液体状态时的形态，密度为1.14克/米³，常用缩写为LOX。1个大气压条件下，液氧的温度超过－183℃就会气化，低于－218.8℃就会转变为固体，因此必须使用低温隔热存储容器（图7-2）来进行存储。由于液氧的气化膨胀比高达1∶860，因此在工业和医学上的用途广泛。以10米³液氧储罐为例，理论上可气化为8 600米³氧气。

近年来，随着制氧技术的发展，制氧机（图7-3）在水产养殖中的

图 7-2 低温液氧储罐

应用也越来越普遍，出氧浓度一般在 85%～95% 范围内。但是，由于制氧机需要使用电力，所以除非有备用电源，否则必须额外配备应急供氧系统，以保证在电力发生故障时供氧。

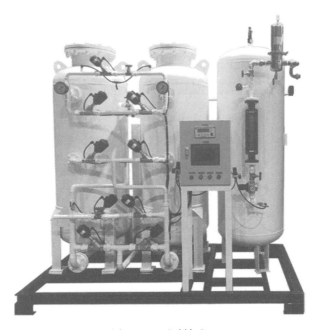

图 7-3 工业制氧机

二、曝气增氧技术

1. 原理和特点

当水中的溶解氧没有达到饱和时，水和空气接触，由于分子扩散作用，空气中的氧气将缓慢地传递到水中去，这一过程可称为天然曝气作用。一般来说，靠天然曝气作用，氧的传递速率非常缓慢。在工业水处理工程中，常常采用人工曝气的方法，即向水体中输入空气，或者在空气中散布水滴，从而大幅提升氧的传递速度，提高增氧效率。

目前，国内水产养殖中使用的曝气增氧方式主要有气泡曝气和机械曝气，如水车式增氧机和叶轮式增氧机就是机械曝气的典型代表，主要应用于池塘养殖；在陆基工厂化循环水养殖中更多采用的是气泡曝气方式，主要方法为在养殖池底部布设曝气器，将空气（或氧气）压入水中形成气泡，随着气泡上浮的过程，氧分子逐渐溶解进水中，实现水体增氧。从技术原理可以看出，曝气增氧技术的优势在于使用方法简单、投资成本也相对较低。但是，其缺点在于氧利用率相对较低，根据水温、气泡大小和曝气深度等不同条件，一般在3％～40％范围内。

2. 主要设备类型

（1）曝气石　一般指由石英砂高温烧结制成的气体扩散器，孔隙较多，产生的气泡较大，氧利用率为3％～7％（宋奔奔等，2011），但成本低廉，适于低密度工厂化流水养殖。使用方式一般为根据需要放置不同数量气石，通过软管连接悬垂在养殖池内（图7-4）。

图 7-4　曝气石

（2）陶瓷刚玉曝气器 又称微孔曝气器，以棕刚玉为主要原料，经压制成型、高温烧结形成的一种板状或钟罩形曝气器（图7-5）。由于产生的气泡直径细小（3毫米左右），无论是在环保领域还是在养殖行业中应用都非常广泛，根据底板的材质不同又分为半刚玉和全刚玉两种形式。可以通过软管连接曝气器悬垂在养殖池内使用，也可以通过在池底铺设气管与多个曝气器连接使用。陶瓷刚玉曝气器和曝气石存在同样的问题，就是长时间使用后孔隙内部易结垢，导致气路堵塞无法正常出气。

图7-5 全刚玉曝气器

（3）膜片曝气器 目前最常用的材质是三元乙丙橡胶（EPDM），采用特殊的打孔方式在膜表面切出小孔，由于膜自身的张力，在鼓气的时候孔隙张开，不鼓气的时候孔隙自动闭合，可以有效防止回漏和结垢的问题。为了便于安装使用，曝气膜片一般会包裹在一个刚性支撑件上，通过支撑件进气口与输气管道连接。根据支撑件的不同，膜片曝气器可分为管式和盘式两种（图7-6），水深4米条件下，膜片曝

图7-6 管式膜片曝气器（左）和盘式膜片曝气器（右）

气器的氧利用率为 35.9%，理论动力效率为每千瓦时处理 O_2 8.04 千克。主要问题有橡胶膜易撕裂、曝气阻力损失大、曝气器自闭性能差、安装拆卸烦琐。

3. 典型工艺

设某一养殖系统有效养殖水体为 60 米³，最大养殖密度 20 千克/米³，日投喂率为 1%。根据经验公式计算可得系统溶解氧消耗量为 3.6 千克/天。根据某型号膜片曝气器规格参数，每个进风量 3 米³/时，增氧能力 0.04 千克/时，计算可知所需曝气器数量为 4 个。当然，考虑到实际养殖池中溶解氧分布的均匀性，可以适当增加曝气器的安装数量。

三、混合增氧技术

1. 原理和特点

混合增氧技术的原理是通过使用专门的溶氧装置，实现气液充分接触混合，使水中的溶解氧达到饱和甚至超饱和状态后流入养殖池，进而提高养殖水体中的溶解氧浓度。

混合增氧技术一般使用纯氧气体作为氧源，适用于较高密度的循环水养殖系统。主要原因在于：高密度养殖条件下，养殖对象对溶解氧的需求量非常大，使用空气作为氧源往往无法满足快速增氧的需要；另外更重要的是，混合增氧技术采用异位安装，对鱼池流态的破坏较小，可以有效解决由于曝气扰动导致鱼池流态破坏、影响固形物及时排出的问题。但是，相对而言，采用混合增氧技术的设备投资较高、操作和管理的难度也要远高于曝气增氧。目前国内常用的混合增氧设备主要有氧锥、低水头溶氧装置等。

2. 主要设备类型

（1）氧锥（Oxygen Cone、Speece Cone 或 Down Flow Bubble Contactor）　由 Speece 于 1969 年发明，并于 20 世纪 90 年代初应用于水产养殖增氧。该设备一般由一个圆锥形容器或者是一系列直径逐渐变小的管形容器组成（图 7-7）。水和氧气（或臭氧）从圆锥的顶端进入，随着圆锥的直径逐渐变大，水流速度降低，直到往下的水流速度和上浮的气泡速度趋于一致，气泡悬浮直至溶解。

氧锥的增氧能力主要取决于锥体的进出口直径、锥体高度、进水速度、进气速度、气泡直径以及水体温度等参数（房燕等，2013）。在大约0.7个大气压下，氧锥设备的氧利用率可以达到90％～95％，出水溶解氧浓度可以达到25～35毫克/升。由于工作处于加压状态下，所以氧锥设备很难集成到总的循环水处理系统中，一般会设计成单独的支路，通过水泵将经过筛滤处理的养殖水注入氧锥，增氧后的高氧水直接流回养殖池。由于增加了额外的动力泵，所以氧锥设备的能耗相对较高。

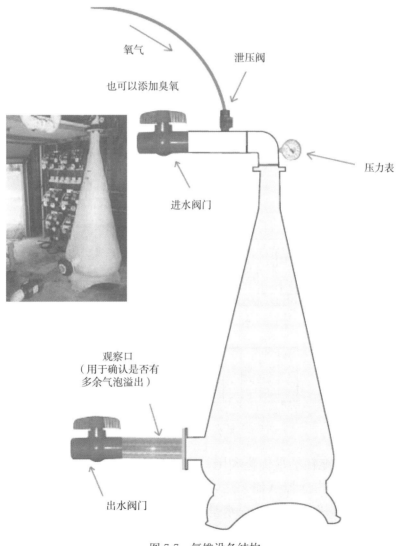

图 7-7　氧锥设备结构

（2）低水头溶氧装置（Low Head Oxygenator，LHO）　一般都设计成一个相互连通的多级腔体。如图7-8所示，水流经过布水板以滴流形式进入吸收腔，并且在布水板上方形成一定厚度的水层，使吸收腔密闭。吸收腔被分割成了数个相互串联的小腔体，腔体与腔体之间通过隔板上的气孔导通。吸收腔提供了气液混合的接触空间。水流从各个吸收腔底部流出，并保持一定的水位高度，使吸收腔密闭。气路方面，纯氧从侧面注入，从第一个吸收腔开始，部分纯氧被溶解进水中，而另外一部分则和其余气体形成混合气体，逐个进入后面每个吸收腔，废气从最后一个吸收腔排出。尾气管以一定深度浸没在水面以下，使吸收腔密闭并形成一定的背压，保证氧利用率。研究表明，低水头溶氧装置在气液比1%条件下，氧利用率接近70%，进出水溶解氧增量可以达到9～10毫克/升。由于工作在常压条件下，水头损失仅40～70厘米，因此设备的综合性能较高（张宇雷等，2008）。

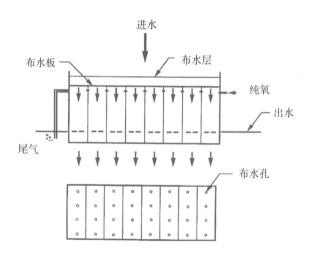

图7-8　低水头溶氧装置结构

考虑到系统能耗的最优化利用，低水头溶氧装置一般串接在循环水处理系统高位生物滤器（池）后，利用出水高度自流回养殖池；也可以根据需要，直接从养殖池提水进入低水头溶氧装置，然后自流回养殖池（图7-9）。

图 7-9 低水头溶氧装置

3. 典型工艺

以某个大西洋鲑循环水养殖系统为例，设计使用 4 个圆形养殖池，有效水体 184 米^3，最大生物量 7 360 千克，最大投饲量 165 千克/天。根据经验公式计算可知系统的耗氧量为 1.72 千克/时，即所选增氧设备增氧能力应不低于 1.72 千克/时。系统增氧环节设计采用了 1 台 300 米^2/时的低水头溶氧装置，如图 7-10 所示。设养殖池出水溶解氧浓度为 10 毫克/升，经过低水头纯氧增氧装置后出水溶解氧浓度不低于 16 毫克/升，校核可知其增氧能力为 1.8 千克/时，符合系统增氧需求。

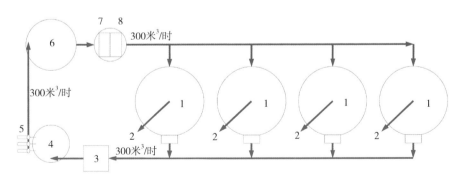

图 7-10 某个大西洋鲑循环水养殖系统工艺流程

1.46 米^3 养殖池 2. 竖流沉淀器 3. 转鼓式微滤机 4. 泵池 5. 循环泵
6. 生物滤器 7. 二氧化碳吹脱装置 8. 低水头溶氧装置

第二节　陆基工厂化循环水养殖消毒技术

一、概述

消毒是指将细菌、病毒、真菌和寄生虫等微生物减少到期望的浓度。与灭菌不同，灭菌是要将所有的微生物消除。水产养殖中对水进行消毒的目的是降低传染病从水中传播给养殖动物的风险到可接受的水平。当对养殖用水进行消毒时，除了减少微生物总数之外，还要选择性灭活致病微生物。病原微生物会感染水生动物并导致疾病。传染病的传播主要有两种方式：水平传播和垂直传播。水平传播包括个体或群体之间的直接或间接接触。直接接触通过个体的尿液或粪便传播，而间接接触则通过接触水、设备和带有病原体的人传播。垂直传播包括从一代传到下一代，如通过鱼卵或精子。

在循环水养殖系统中，水可以在再次使用之前进行消毒，以避免微生物增加。也可以对出水进行消毒，以避免将微生物转移给其他的鱼类。水的消毒方法主要有化学、物理、机械和辐射。化学方法中使用的药剂包括氯及其化合物、溴、碘、臭氧、苯酚和酚类化合物、酒精、重金属及相关化合物、合成洗涤剂、季铵化合物、过氧化氢和各种碱、酸等。物理方法包括加热和阳光照射，尤其是紫外线（UV）照射。机械方法包括颗粒物分离，因为许多微生物附着在颗粒上，在颗粒物去除过程中，减少了微生物的量，此外随着技术成本的降低，超滤技术的应用也越发普遍。辐射法包括电磁辐射、声波辐射和粒子辐射。例如，γ射线被用于消毒，也用于水和食物的杀菌。在循环水养殖过程中，紫外线和臭氧消毒技术由于操作方便，是目前最常用的技术方法（Johnson，2000）。

二、紫外线消毒技术

1. 原理和特点

紫外线会破坏微生物中的遗传物质（DNA 和/或 RNA），破坏链结构，导致微生物失活和死亡。失活与辐射剂量成正比。辐射剂量通常以（微瓦·秒）/厘米²为单位，即每单位面积的辐射强度。紫外线灭活和破坏微生物的能力随着波长和要灭活的微生物而变化。一般消毒最有效的波长为 250～270 纳米。汞蒸气灯产生的紫外线波长约为 253 纳米，可有效消毒。

紫外线的有效性取决于许多因素，包括灯的强度、灯的寿命、灯表面的清洁度、灯和要灭活的生物体之间的距离、要灭活的生物体类型、紫外线照射的持续时间和水的洁净度等。常见紫外灯管有低压、中压和高压 3 种，与中压和高压灯相比，低压紫外线灯具有更高的效率，并且可产生特定波长的紫外线辐射，而高压灯具有更宽的波长谱。使用高压紫外线会减少灯的数量，但可能会增加总运行成本。

2. 常见应用

紫外线灯可以放在水中或水面上，目前国内应用较多的有渠道式和管道式两种。无论哪种架构，灯管通常都要被放在一个有水流过的空间里。紫外线室可以配备反射器或透射比转盘，以便更多更有效地照射总水流。紫外线灯通常放置在石英玻璃管内，以防止冷水直接接触和灯表面污染。石英玻璃管上可能会出现污垢，因此必须定期清洗，手动或用刷子自动清洗，以保持最佳的紫外线强度。

设计紫外线消毒设备时，需要选择合适的辐射剂量、水力停留时间和紫外线透射率。假设 1 厘米厚水层紫外线透射率为 95%，则 5 厘米处的紫外线透射率按式（7-4）计算：

$$T_L = T_0^{L/L_0} \tag{7-4}$$

式中：T_L 为距离辐射源 L 位置处紫外线透射率，单位为 %；T_0 为标定位置处紫外线透射率（即 1 厘米水层的紫外线透射率），此处为 95%；L 为紫外线穿透的水层厚度，此处为 5 厘米；L_0 为标定位置处水层厚度，此处为 1 厘米。计算可知，穿透 5 厘米水层后紫外透射率为 77%。

假设一支功率 16 瓦、长度 1 米的紫外灯管安装在半径 5 厘米的圆柱形腔室中心，水力停留时间 10 秒。则距离紫外辐射源 5 厘米位置处（辐射剂量最低处）的紫外辐射剂量按式（7-5）计算：

$$D_L = (P/S) \times T_L \times t \times 1\,000 \tag{7-5}$$

式中：D_L 为距离辐射源 L 位置处的紫外线辐射剂量，单位为（毫瓦·秒）/厘米²；P 为灯管功率，单位为瓦；S 为紫外线灯管辐射表面积，此处为 3 100 厘米²；T_L 为距离辐射源 L 位置处紫外线透射率，此处为 59%；t 为水力停留时间，此处为 10 秒；1 000，单位为毫瓦/瓦。

计算可知，该灯管在距离 5 厘米水层位置处的辐射剂量为 40（毫瓦·秒）/厘米²。

杀死致病微生物所需的剂量取决于微生物。在养殖生产中，正常的紫外线剂量在 30～35（毫瓦·秒）/厘米² 的范围内，这对于最常见的水产养殖细菌的消毒是足够的。然而，一些病毒，如传染性胰腺坏死病毒则难以灭活，建议剂量为 100～200 毫瓦·秒/厘米²。在阅读给出有效剂量率的论文时应注意，实验室使用的方法通常不同于商业养殖中使用的方法（Brookman，2011）。此外，水体中颗粒的去除应受到重视，因为它们遮挡了微生物使其免受紫外线照射，因此在紫外线照射前将其去除是绝对必要的。如果水非常浑浊，紫外线透射率可能会降低到无法使用紫外线灯进行消毒的程度。

三、臭氧消毒技术

1. 原理和特点

臭氧（O_3）是一种无色气体，沸点为 $-112℃$，在常温下极不稳定，会很快分解为氧气，半衰期约为 15 分钟。作为一种强氧化剂，当臭氧溶解在水中时，会缓慢氧化有机物质，以及形成不同自由基的链式反应，通过破坏细胞膜和核酸，将长链分子分解成更简单的形式。在循环水系统中，臭氧在进行水体消毒的同时也可以进一步改善水质，降低总氨氮、硝酸盐、生物需氧量以及去除异色异味和老化生物膜等（Tango 和 Gagnon，2003）。

2. 常见应用

循环水养殖臭氧消毒系统一般由臭氧发生器和气水混合器组成。其中，臭氧发生器用以制备臭氧气体，主要原理为使用空气或纯氧气通过高压电场后产生臭氧。使用空气时，会在气流中产生 0.5%～3%的臭氧，而氧气的相应值为 1%～6%。产生臭氧所需的能量通常在 3～30 千瓦时/千克范围内。气水混合器用来确保臭氧和养殖水充分混合，目前利用蛋白分离器通过文丘里管添加臭氧的应用相对普遍，效果良好。

和许多其他消毒剂一样，臭氧的添加剂量和时间对于消毒效果有重要影响。要么短时间使用高剂量，要么长时间使用低剂量，但必须避免过量，否则会对养殖动物带来危险。大多数病原体在 0.1～1.0 毫克/

升的臭氧剂量下和 1～10 分钟的接触时间下被杀死。经过一段时间后，水质将对剩余臭氧浓度产生很大影响；溶解有机物、特定有机物、无机离子、pH 和温度等因素都会影响浓度。对鱼类来说，臭氧即使在相对低的浓度下也是有毒的，因为它会氧化鳃组织。鱼类的推荐安全值通常低于 0.002 毫克/升，但耐受量有很大差异。因此，在水中添加臭氧并让其反应必要的时间后，必须去除或销毁任何残留的臭氧。足够的停留时间确保大部分臭氧已经反应，并且产物主要是氧气，无毒臭氧浓度通常在 10～20 分钟后达到。研究表明一定浓度的臭氧残留有益于生物滤器老化生物膜的脱除，确保生物过滤效率。目前循环水养殖系统大多将臭氧添加同蛋白分离放在一起，位于生物滤器前端，这就很好地解决了臭氧残留问题（Colt 和 Cryer，2000）。

第三节　陆基工厂化循环水养殖的泡沫分离技术

一、概述

1. 技术背景

固体悬浮颗粒物对陆基工厂化循环水养殖系统的各个方面都有不良的影响，因此清除固体悬浮颗粒物是循环水养殖处理的首要目标（Timmons 等，2021）。在循环水养殖系统中占绝大部分质量的颗粒物尺寸小于 100 微米，由于水体湍流扰动、生物降解作用和机械搅动等原因，未能及时去除的悬浮颗粒物会破碎成粒径较小的细微悬浮颗粒物，这部分细微悬浮颗粒物的粒径通常小于 30 微米，在这种情况下，沉淀处理和机械过滤将变得毫无效果（季明东等，2020）。泡沫分离技术是一种用于细微悬浮颗粒物去除的技术，通过向水体中通入空气，使水中的表面活性物质被微小的气泡吸附，并借气泡的浮力上升到水面形成泡沫，从而去除水中溶解物和悬浮物（罗国芝等，1999）。目前泡沫分离被认为是有效去除循环养殖系统中微小颗粒物的主要工艺之一，是海水循环养殖系统的重要组成部分。

2. 技术原理

泡沫分离技术是利用气泡表面张力吸附作用，将水中的表面活性物质或疏水性微小悬浮物质吸附在气泡上，借助浮力上升而形成泡沫加以分离的过程（罗国芝等，1999；李秀辰等，2005）。

3. 技术要点

泡沫分离技术去除水中细微悬浮颗粒物与气泡粒径大小、通气量、水流量、气泡与水接触时间、pH、有机物浓度等因素有关（罗国芝等，1999；李秀辰等，2005）。

（1）气泡粒径大小　从理论上讲，气泡粒径越小，同样体积的气量所形成的吸附面积越大，对泡沫分离也越有利，但气泡粒径的大小受很多因素的影响，如气流的速度、分散器孔径大小、水的表面张力、黏滞度、密度等。一般认为气泡直径以0.8毫米最佳（罗国芝等，1999）。

（2）气液比、气速、水流速　在气泡粒径相同的情况下，气液比决定了气泡的吸附面积，影响泡沫分离去除效率。气流的速度与水流速度和表面活性物质浓度等都会影响气液比。要形成稳定的泡沫，就必须提高气流速度以加快气泡的接触。但过大的气流速度会造成气泡在水中的停留时间过短，没有达到在给定条件下的最大吸附量就排出系统，由此造成能量的浪费；另外流速过大也会增加气泡破裂的概率，影响泡沫层的形成。水流速度一是影响其停留时间，二是影响混合流的水流状态。有文献指出，水流速度以每小时流量为循环水系统体积的1～2倍较为合适（Moe等，1992）。

（3）气泡停留时间　停留时间是指气、液在分离器内的接触时间。停留时间直接影响气泡能否达到在给定条件下的最大吸附量；对液体来说，停留时间是影响被处理水能否达到去除效果的关键因素。气泡在分离器内的滞留时间是由最小气流速度决定的，为了达到气泡的最大吸附量而降低气流速度是不科学的，因为这样可能影响泡沫层的形成，进而影响系统的正常运行。气泡在分离器内的停留时间受气流速度、气泡粒径的大小及分离器高度等因素影响。在一般情况下，气流速度是决定因素。

（4）泡沫稳定性　指泡沫层存在时间的长短。泡沫的稳定性决定于排液的快慢和液膜强度。影响泡沫稳定性的因素很多：一是表面张力，液膜的交界处与平面膜之间的压差与表面张力成正比，表面张力越小，其压差越小，因而排液速度越慢，越有利于稳定；二是表面黏度，决定泡沫稳定性的关键在于液膜的强度，而液膜的强度又受黏度的影响；三是溶液黏度；四是表面张力的修复作用；五是气体通过液膜的扩散

（气体的通过性），一般形成的泡沫大小总是不均匀，小气泡中气体压力大，气体自高压的小气泡中通过液膜扩散至低压的大气泡中，造成小气泡变小，大气泡变大，最终泡沫破坏的现象。

（5）有机物浓度　水中有机物包括蛋白质、脂肪、尿素等，其中有很多源于具有两亲结构的表面活性物质。影响去除效果的气泡粒径、气液比、气流速度、停留时间等因素都受有机物浓度的影响。资料表明，在黏度较低的水中，加入表面活性物质或电解质，就能抑制气泡的合并，达到一定浓度甚至能阻止气泡间的合并。因此，在水中有机物浓度较低的情况下，随着表面活性物质浓度的增加，水的表面张力降低，这种情况下，水中表面活性物质浓度的增加，是有利于提高去除效率的；浓度增加也可以提高浓度梯度，以降低达到吸附平衡所需时间。但表面活性物质存在一个临界胶束浓度（CMC），几乎所有的表面活性物质都存在各自的特征浓度，这一现象是表面活性物质自身的结构特点和它们在溶液中存在的状态产生的必然结果，因而过高的有机物浓度会降低泡沫分离的去除效率（于向阳等，2005）。

（6）pH　水体中蛋白质等有机物大多是含有两亲结构的物质，当达到物质的等电点时，有机物的分子电荷变为零，分子间的排斥力减小。这就有利于气泡吸附有机物效率增加，但对于封闭循环水养殖系统来说，pH 不能成为其重要影响因素，因为 pH 在海水养殖生产中有一定的范围要求，不可能通过调整 pH 以增加去除效果（刁瑞莹等，2020）。

二、技术应用现状

1. 主要设备类型

根据气泡产生、气液接触及收集方式的不同，泡沫分离器大致有以下 3 种类型：

（1）射流式泡沫分离器　加压水从文氏管高速喷出，因文丘里效应空气会被吸入射流器内，将水和空气充分混合排出到泡沫分离器腔体内，形成的小气泡吸附水中悬浮物和溶解有机物，将其带至水面，形成泡沫，如图 7-11 所示。其特点是：可以稳定地产生气泡，对 60 微米和 20 微米以上悬浮颗粒物的去除率可以达到 72.66% 和 67.60% 以上（孙大川等，2008）。

（2）叶轮气浮式泡沫分离器　通过叶轮的高速旋转在固定盖板下形

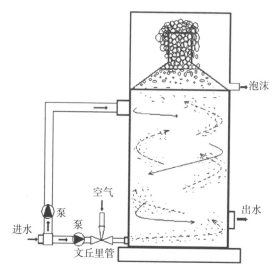

图 7-11　射流式泡沫分离器原理

成负压，空气从空气管中吸入水中，高速旋转的叶轮和水的涡流将空气切割成细碎气泡散布到水中，气泡在上浮过程中吸附悬浮物并将其排出（图 7-12）。其特点是：体积小、结构紧凑、应用范围广，对悬浮颗粒物、总氮和化学需氧量的去除率可以达到 46.76%、40% 和 38.31%（单建军等，2015）。

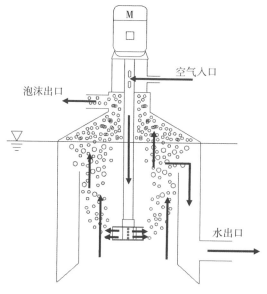

图 7-12　叶轮气浮式泡沫分离器原理

（3）曝气式泡沫分离器 空气由气泵加压通过分散器输入，在分离器腔内上升与水混合形成气泡，气泡凝聚了部分溶解有机物形成泡沫，浮在分离室的表面。当泡沫大量聚集时通过连接管进入泡沫收集室排出。其特点是结构简单，成本低，易操作，但效率低。

2. 典型工艺

因淡水中含表面活性物质或电解质过少，水中的有机物分子的两亲性小，气泡难以形成，且形成的气泡易合并消失、不稳定，因此泡沫分离器主要应用在海水循环水养殖系统中。大连某公司的陆基工厂化循环水养殖系统由养殖池、弧形筛、泡沫分离器、生物滤池、紫外线消毒池和曝气池组成，系统流程如图 7-13 所示。本套系统采用物理过滤与泡沫分离技术相结合的方式进行水中悬浮颗粒物的去除控制，系统总水体 200 米^3，循环量为 100 米^3/时，每日向循环水系统中加入总体积 5% 的新水（林中凌等，2016）。经 242 天养殖实验，系统水质保持稳定，养殖的红鳍东方鲀存活率达到 98%，饵料转化率为 1.2±0.3，养殖密度达到 31.2 千克/米^3。循环系统的泡沫分离器对养殖水的悬浮颗粒物含量、悬浮颗粒物中有机物含量的去除率分别达到 28.44% 和 36.55%，并可显著降低水体浊度 61.54%。

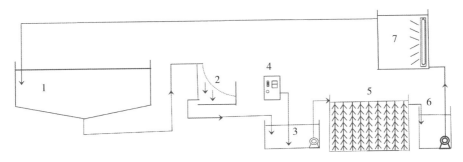

图 7-13 大连某公司的陆基工厂化循环水养殖系统工艺流程
1. 养殖池 2. 弧形筛 3. 泡沫分离器 4. 臭氧发生器
5. 生物滤池 6. 曝气池 7. 紫外灯灭菌池

第四节 陆基工厂化循环水养殖的二氧化碳去除技术

一、概述

陆基工厂化循环水养殖系统中，溶解 CO_2 的安全水平取决于鱼类种类、鱼类发育阶段以及其他水质变量，包括碱度、pH 和溶解氧水平，主要来源于养殖生物的呼吸作用、养殖生物排泄物、残饵、分泌的体液等还原性有机物质的降解、微生物的呼吸作用、硝化作用和反硝化作用等（陈庆余等，2009）。

传统的养殖模式通常会通过增加溶氧的将氧气转移到水中来提供足够的二氧化碳去除，这不会使鱼类面临危险。在循环水养殖系统中，随着放养密度的提高，单位产量水交换率下降，致使水体中的 CO_2 浓度随着时间推移显著上升，其消碱作用使得 pH 快速下降，严重破坏了水体的酸碱平衡，出现跌酸现象，生物净化能力下降，对循环水养殖系统的控制造成了非常大的困难。高浓度 CO_2 对于鱼类生长和生存是非常有害的，CO_2 水平足够高会降低鱼类血红蛋白输送氧气的能力，降低血液的氧气结合能力，并增加血液酸度。持续暴露于高水平的 CO_2 中也可能导致肾钙质沉着症，即在肾脏中形成钙质沉积物，甚至在水中溶解氧浓度较高的情况下，也会发生呼吸窘迫。

如果水中的溶解氧浓度接近或大于饱和，则 CO_2 安全水平会增加。水产养殖中的增氧是一项相对成熟的技术，具有完善的操作原理、技术和设备。直到最近，随着水产养殖规模化水平的提高，CO_2 控制才成为一个重要问题，而且技术仍在发展。做好二氧化碳控制方法的创新与研究，有利于水产养殖行业的发展，降低成本提高经济效益。

二、应用现状

1. 气体转移法

（1）技术原理　向待处理水中鼓入大量空气，溶解态的 CO_2 脱离水体进入空气中，水体的碳酸盐浓度下降，pH 提高。曝气吹脱池是吹脱水中 CO_2 工艺常见的构筑物，原水从底部进入，底部曝气，曝气气泡上升脱出 CO_2。现研究发现气水比、初始 CO_2 浓度、曝气气体成分是影响 CO_2 脱除效率的主要因素（Summerfelt et al.，2000）。

（2）研究进展　张文林（2018）利用鼓风机的工作原理，设计新建两座曝气吹脱池，改进了曝气工艺，当空气输送至两座曝气吹脱池时，进气总管利用三通与曝气吹脱池各自的进气管相连，进气管上装有电动阀门，通过调整两个阀门在同一时间内一个开启一个关闭的状态，实现两座池子在运行时间内分别进行曝气—停止—曝气的工作。

每座池子的进气管由侧向进入，进气管横穿曝气池中部向下分出曝气支管，最后通过安装的曝气头进行曝气。测试结果表明，间歇曝气 CO_2 脱除率高于连续曝气，且稳定性良好。气水总体积比 4∶1 条件下间歇曝气的脱除效果与连续曝气下气水总体积比为 6∶1 的出水持平。1 个曝气周期为 10 分钟时，曝气 5 分钟、停止曝气 5 分钟是较优时间分配方案曝气时间出水稳定性提高，但脱除效果下降；缩短曝气时间可以提高脱除效果，但稳定性下降。大部分 CO_2 脱除发生在水池深处，脱除率随着水体变浅而降低。距离水底高 5 厘米处 CO_2 脱除率基本在 $70\%\sim80\%$。曝气总体积不变条件下，增大曝气流量可以促进 CO_2 的脱除；且表层 CO_2 脱除提高效果强于深层。

（3）应用　Hu 等（2011）设计了一个垂直的圆柱体 CO_2 去除试验装置，将填料不规则地堆积在靠近圆柱体底部的支撑板上。风扇将气体吹到底部。液体由塔顶的分配器倒入填料层表面，在填料层表面分散成膜，并通过填料之间的间隙向下流动。填料层表面将成为气体和液体两相接触的传质面。CO_2 在水中的溶解度符合亨利定律，即在一定温度下，气体在水中的溶解度与液体表面的气体分压成正比，所以只要 CO_2 在气体中的分压小，CO_2 就会从水中逸出，这个过程称为解吸。空气中的 CO_2 很少，其分压约为大气压的 0.03%。因此，空气被鼓风机送入 CO_2 去除装置的底部，被用作 CO_2 去除装置的介质。在填料层表面。空气与水充分接触，然后与逸出的 CO_2 一起从塔顶排出。带有 CO_2 的水进入塔的上部，通过液体分配器向下流动。在水与填料层表面的空气和脱气的 CO_2 充分接触后，再从底部的出水口排出。最后，CO_2 的去除过程就结束了。CO_2 去除装置的结构如图 7-14 所示。

通过调节气水比（G/L）来提高 CO_2 脱除效率。G/L 变化对 CO_2 去除效率影响的测试结果表明，当 $G/L=1\sim5$ 时，CO_2 去除效率随着 G/L 的增加而迅速提高；当 $G/L>8$ 时，CO_2 去除效率随着 G/L 的增加而缓缓提高。考虑到系统节能和去除 CO_2 的有效性，$G/L=5\sim8$ 被认为是水产养殖水体 CO_2 去除装置运行的最佳选择，CO_2 去除效率为 $80\%\sim92\%$。

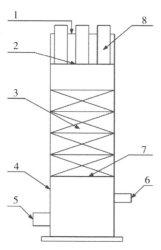

图 7-14 CO_2 清除装置的结构

1. 进水口　2. 液体分配器　3. 盘根错节填料　4. 塔体
5. 出水口　6. 进气口　7. 填料支撑板　8. 出气口

2. 化学平衡法

在典型的水产养殖应用中，添加碱并不会从溶液中去除溶解的无机碳，而只是随着 pH 的增加，通过将碳酸盐-碳平衡转变为重碳酸盐和碳酸盐离子，导致 CO_2 浓度降低。在水产养殖中，有两大类化学品可用于调节 pH 和控制 CO_2 浓度：不含任何碳的强碱（如氢氧化钠）和含碳碱（如碳酸氢钠）。在所有情况下，添加这些化学品都会导致水的碱度增加。就含碳碱而言，碱度的增加伴随着总碳酸盐碳的增加。化学添加引起的 pH 增加由水的初始特征、添加的碱的类型和数量决定。对于给定的碱度添加量，添加的碳酸碳量越小，pH 增加越大。

第八章

挪威大西洋鲑工厂化循环水养殖案例

工厂化循环水养殖鱼类

第一节　发展历程

大西洋鲑原产于大西洋北部的温带和亚北极地区，因其出肉率高、味道鲜美，且多不饱和脂肪酸和必需氨基酸等营养成分含量丰富，是最受欢迎的世界性水产品之一，具有广泛的国内外市场。据 FAO 统计，就价值而言，鲑鳟是最重要的鱼类贸易品，2014 年鲑鳟贸易额占国际鱼产品贸易总价值的 17%。目前，大西洋鲑已经成为国际水产养殖中最具特色的产业，具备完整的养殖产业链、成熟的养殖技术和广阔的消费市场。目前，大西洋鲑在全球有约 200 万吨产能，其中挪威是大西洋鲑的最大生产国，2019 年产量约为 110 万吨，占大西洋鲑全球产量的 55% 左右，出口贸易总额达到 500 亿元人民币。

20 世纪 60 年代挪威开始尝试大西洋鲑的人工养殖，其国土面积 38.5 万千米^2，海岸线全长 10.1 万千米（包括峡湾和岛屿），海上养殖场从南到北几乎覆盖了挪威整个西海岸。2008 年以后挪威的大西洋鲑养殖场数量基本维持在 1 000 个左右，而且每年都在减少，但是总产量却并未因此而降低（图 8-1）。挪威全国屠宰大西洋鲑的销售量在 1998 年仅 36 万吨，2012 年稳步增长到 123 万吨，而后 5 年时间均维持在这一水平，2017 年全国屠宰大西洋鲑产值达到 63.23 亿欧元（按 1 欧元兑换 9.748 挪威克朗折算）。挪威工业联盟（Norsk Industri）预测，随着海虱治理、大西洋鲑防逃逸、鱼类排泄物循环利用等新技术的研发和革新，2030 年挪威大西洋鲑产值将会达到 205 亿欧元，2050 年将会进一步增加到 308 亿欧元（图 8-2）。

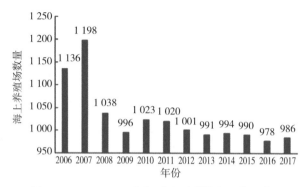

图 8-1　2006—2017 年挪威大西洋鲑海上养殖数量
（引自张宇雷等，2020）

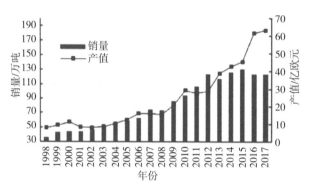

图 8-2　1998—2017 年挪威屠宰大西洋鲑销售量和产值

　　挪威国内目前有超过 120 家水产养殖企业，年产大西洋鲑近 130 万吨。其中绝大部分都是由 SalMar、Cermaq、Marine Harvest、Leroy 等十大上市集团企业完成的。表 8-1 显示了挪威十大养殖企业屠宰大西洋鲑的销量以及占全国总销量的比例，可以看出，2004 年以前，十大企业的大西洋鲑销量在全国总销量中所占比例增长较缓，基本维持在 41.3% 以下；2004—2012 年间，十大企业发展迅速，占比增加到了接近 70%，可以说完全主导了挪威大西洋鲑养殖业的发展。2005 年，由于产业环境和政策调整的原因，大西洋鲑养殖人数大幅减少，仅 3 054 人。随后的十几年时间内，从业人数增长到 7 499 人。除此之外，还有 4 万余人专门从事大西洋鲑生产配套、加工、销售和科研等服务工作。

表 8-1　1998—2007 年挪威十大养殖企业屠宰大西洋鲑销量和占比

(引自张宇雷等，2020)

年份	十大企业		其他	
	销量（吨）	占比（%）	销量（吨）	占比（%）
1998	8.7	24.1	27.5	75.9
1999	9.2	21.6	33.3	78.4
2000	14.4	32.8	29.5	67.2
2001	14.2	32.6	29.3	67.4
2002	15.5	33.4	30.8	66.6
2003	21.0	41.3	29.9	58.7
2004	23.2	41.2	33.1	58.8
2005	27.9	47.6	30.7	52.4
2006	30.5	48.4	32.5	51.6
2007	43.5	58.4	30.9	41.6
2008	47.1	63.9	26.6	36.1
2009	56.7	65.7	29.6	34.3
2010	60.6	64.5	33.3	35.5
2011	70.0	65.8	36.5	34.2
2012	85.1	69.1	38.1	30.9
2013	79.4	68.0	37.4	32.0
2014	88.0	69.9	37.9	30.1
2015	89.8	68.9	40.5	31.1
2016	83.8	67.9	39.6	32.1
2017	83.0	67.1	40.7	32.9

第二节　主要做法

目前，鲑产业链可分为 3 个阶段：陆基系统育苗、海上开放网箱养成以及销售和配送。一般来说，鲑的生产大约需要 3 年时间。在最初的 10～16 个月内，在陆基淡水系统中使用循环水或流水养殖技术进行生产。生产周期从卵子受精开始，受精卵孵化出幼鲑并开始培育

143

鱼苗。当幼鱼体重达到 60～80 克时，幼鱼会开始银化，在这一过程中幼鱼通过一系列的生理变化来适应从淡水转移到海水生活（Solomon et al.，2013）。降海一般一年两次，春季和秋季各一次，被转移到海中开放式网箱的幼鲑平均重量为 70～80 克。这些幼鲑经过 14～24 个月海上养殖，符合商品规格的大西洋鲑最终重量达到 4～5千克。

网箱养殖是将由网片制成的箱笼，置于一定水域，进行鱼类生产的养殖方式。优点是不受陆地空间限制，可以离岸拓展养殖空间，充分利用自然水体进行养殖。但是因为其养殖活动在近岸开放水域进行，也可能存在养殖污染物排放、病害风险、寄生虫危害、改变自然海区鱼类分布以及逃逸等诸多问题。例如，开放海域养殖过程中难以克服的最主要问题之一是海虱寄生。海虱是海水养殖鲑过程中存在的主要寄生虫，会导致大西洋鲑生长速度降低，饲料系数提高和因皮肤损伤而导致的售价降低，且降幅超过治疗成本。2006 年全球大西洋鲑产量达 160 万吨，海虱使整个行业损失了约 3.05 亿欧元（Costello，2009）。海虱在自然海域中广泛存在，与自然条件相比，网箱集约化鲑养殖为其生长和传播提供了更好的条件，给鲑养殖业和野生鲑种群都造成了负面影响。爱尔兰和挪威的估计表明，与未感染的鲑相比，携带海虱的大西洋鲑在海洋迁移中生存的优势比为 1.1：1～1.2：1，这种海虱携带者高生存优势可能具有种群数量调节作用。但无论是野生鱼类还是养殖鱼类，对最常用于治疗海虱的药物产生抗药性都是一个严重的问题。

此外，在开放水域进行集约化水产养殖会对环境产生多种影响。在鲑养殖中，残饵和粪便产生的有机物和营养物质必须在水体和沉积物中进行氧化和再循环。养殖 1 吨鲑会在海洋沉积物中产生约 33 千克含氮类物质和 7 千克含磷类物质。例如，一个鲑养殖场在 17 个月内生产约 3 000 吨成品规格的鲑鱼（每年 2 118 吨），每年产生约 186 吨有机物，约 70 吨氮和约 15 吨磷，这相当于发展中国家 9 000 人每年产生的含氮废物和 27 000 人每年产生的含磷废物。因此，普遍认为工厂化循环水养殖是大西洋鲑养殖的重要发展方向，挪威鲑的陆基生产阶段也不断延长。

使用陆基工厂化养殖能够缩短大西洋鲑在网箱中的生长时间并优

化养殖地点。2012年，挪威渔业部开始允许在陆基系统中生产1千克的鲑后，一些生产商增加了降海幼鲑的规格，使降海幼鲑的平均体重达到了135克。一些公司甚至开始生产重量为0.5～1千克的大规格幼鱼。由于淡水资源缺乏，大规格幼鱼产量的增加导致对大型陆基工厂化循环水养殖系统的投资激增，许多传统的流水式孵化场也改用了循环水养殖系统。2018年挪威有3.75亿条鲑降海，其中大约50%由循环水养殖系统生产，该比例在2020年增加到了60%。在工厂化循环水养殖系统中生产1.5千克的大规格幼鱼可以将海水生产阶段缩短至6～10个月。另一种替代生产策略是将整个生产周期转移到陆基上。2016年，挪威渔业部批准在陆基工厂化养殖系统中生产商品规格鲑（Fiskeridirektoratet，2016），这导致一些陆基工厂化循环水养殖系统建设启动，其中Fredrikstad Seafood完成了建设并开始生产（图8-3）。

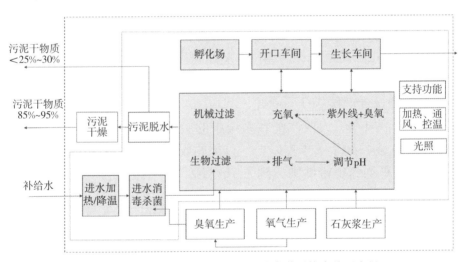

图8-3　挪威大西洋鲑工厂化循环水育苗系统水处理流程

第三节　取得成效

大西洋鲑循环水养殖系统为挪威养殖者生产优质苗种提供了良好的技术基础。作为所有养殖生产活动的基础和前提，性状良好的种群和健康的苗种可以更好地保证养殖效率和品质。利用陆基工厂化养殖模式，使用成套装备技术实现苗种培育环境的全人工控制，有效地保证苗种生产的效率和品质。以 Leroy 集团 Belsvik 繁育基地为例，占地面积 11 000 米²。根据大西洋鲑苗种培育不同阶段，基地内部建有 5 种不同类型的循环水繁育系统 11 套，出苗时期最高养殖密度可以达到 85 千克/米³ 以上，日换水率不超过 2%。由于车间内部自动化程度较高，日常仅有 7 名工作人员，即可实现年产 80 克大西洋鲑鱼苗 5 批次，共 1 400 万尾。另外，一些小型的养殖企业则更多地采用流水方式来进行大西洋鲑苗种生产。以 Njordsalmon 公司为例，在海边建有 6 个大型室外养殖池，总水体量 6 000 米³，可年产 1 000 吨大西洋鲑苗种。养殖取水口位于深度 75 米以下的海水中，经过气体吹脱、筛滤和紫外消毒杀菌处理后流入养殖池，换水率 70 分/次。排放水同样经过筛滤和消毒杀菌后重新排入大海。

利用工厂化循环水养殖系统对商品规格大西洋鲑进行养成，是近年来出现的较新颖的养殖模式，因为具有前述的集约化程度高、环境友好以及距离消费市场更近的特点，尽管目前生产成本偏高，但仍然有诸多养殖公司开展尝试，并不乏成功案例。例如在挪威本土，大西洋鲑生产商 Nordic Aquafarms 在位于奥斯陆以南 64.4 千米处建立了两套循环水养殖系统，系统内保持 24 小时照明，水温保持在 12～13.5℃。该养殖系统设计产能为 1 500 吨，其在 2020 年生产了 420 吨鲑，约为其设计产能的 1/3。大西洋鲑在系统中的生长率较高，部分个体 12 个月里从 100 克长到了 7 千克以上。目前的收获率为每周 17 吨，死亡率约 5%，而平均养殖密度则达到了 70 千克/米³（最高为 95 千克/米³），系统生产的大西洋鲑味道良好，性成熟率也非常低。

除了挪威本土以外，挪威大西洋鲑养殖公司在美国佛罗里达、日本、中国宁波等地都开展了大规模的大西洋鲑陆基工厂化循环水养殖探索。如陆基大西洋鲑生产商 Nordic Aqua Partners 于 2020 年在宁波象山高塘岛开工建设大西洋鲑陆基循环水养殖系统，计划第一阶段产量 4 000 吨，预计 2023 年完工；第二阶段再增加 4 000 吨养殖规模，项目建设将于 2023 年启动；第三阶段将逐步进行产量扩增，2026 年年底前达到 2 万吨总产量目标。宁波所在的中国长三角地区拥有 1 亿富裕人口，从高塘岛到上海仅有 5 小时车程。与海基养殖系统相比，陆基工厂化循环水养殖系统生产可更快捷地运送产品至消费市场（图 8-4）。

图 8-4　宁波大西洋鲑循环水养殖项目

第四节　经验启示

中国是世界第一渔业生产大国，渔业总产量占到世界总产量的近40%。随着人口数量的增加和生活水平的提高，预计 2030 年将有2 000 万吨水产品的缺口需要弥补。但目前，水产养殖的空间被不断压缩，提高单位水体的养殖效率变得非常重要，工厂化循环水养殖具有

较大的发展潜力。与此同时，我国的工厂化循环水养殖系统也面临着养殖系统产品多、设计不规范、养殖品种多导致系统专用性不足以及人才匮乏等问题。结合挪威工厂化循环水养殖产业的发展历程，我国未来的工厂化循环水产业发展需要：

（1）进行政策引导，加强环境评估，培育龙头企业。通过颁发许可证等方法逐步将小散户退出市场，将粗放、分散、小型的小生产纳入产业化、规模化、集约化的大生产轨道，培育龙头企业提升企业竞争力。

（2）加强科研投入，促进产业升级。挪威政府在大西洋鲑养殖技术方面进行了大量的投入，科研院所的研究成果广泛被龙头企业应用，完成了产学研的密切结合，大幅提升了挪威工厂化大西洋鲑养殖产业的竞争力。我国水产养殖目前仍主要以劳动密集型方式生产，养殖设施陈旧、产业形象欠佳。增加科研投入，促进科研成果落地并在企业转化，有利于促进我国水产养殖产业升级。

参 考 文 献

Timmons M B，朱松明，2021. 循环水产养殖系统［M］. 金光，刘鹰，彭磊，等，译. 杭州：浙江大学出版社.

陈庆余，倪琦，管崇武，等，2009. 养殖水体中二氧化碳去除技术试验研究［J］. 渔业现代化，36（6）：6-11.

陈树林，2004. 封闭式循环水养殖水质处理技术简况［J］. 渔业现代化（5）：25-27.

单建军，宋奔奔，张成林，等，2015. 叶轮气浮装置设计及其在海水循环水养殖系统中的净化效果［J］. 渔业现代化，42（6）：1-5.

刁瑞莹，张殿光，2020. 影响蛋白分离器工作效率的因素研究分析［J］. 湖北农机化（4）：4.

杜守恩，赵芬芳，唐衍力，1998. 海水养殖场设计与施工技术［M］. 青岛：青岛海洋大学出版社.

房燕，曹广斌，韩世成，等，2013. 基于 Fluent 的工厂化水产养殖增氧锥的数值模拟及结构优化设计［J］. 江苏农业科学（4）：355-358.

桂劲松，张倩，任效忠，等，2020. 圆弧角优化对单通道方形养殖池流场特性的影响研究［J］. 大连海洋大学学报，35（2）：308-316.

黄朝禧，2004. 水产养殖工程学研究述评［J］. 水产养殖（4）：40-43.

黄朝禧，2005. 水产养殖工程学［M］. 北京：中国农业出版社.

季明东，李建平，叶章颖，等，2020. 曝气和射流的气泡分布与综合式泡沫分离效果研究［J］. 农业机械学报，51（9）：304-310.

李利，江敏，马允，等，2010. 温度对吉富罗非鱼呼吸的影响［J］. 上海海洋大学学报，19（6）：763-767.

李秀辰，刘洋，2005. 气浮分离技术在渔业生产中的应用与展望［J］. 大连水产学院学报（3）：249-253.

李艺，2017. 给水排水设计手册［M］. 3 版. 北京：中国建筑工业出版社.

梁华芳，黄东科，吴耀华，等，2014. 温度和盐度对龙虎斑耗氧率和排氨率的影响［J］. 渔业科学进展（2）：30-34.

林中凌，2016. 两种鱼类工厂化循环水养殖过程的水质调控及水中悬浮颗粒物分类［D］. 大连：大连海洋大学.

刘鹰，刘宝良，2012. 我国海水工业化养殖面临的机遇和挑战［J］. 渔业现代化，39（6）：1-4，9.

刘鹰，任效忠，等. 2019. 水产养殖设施工程设计概论［M］. 北京：中国农业出版社.

刘鹰，朱松明，李勇，等. 2014. 水产工业化养殖的理论与实践［M］. 北京：海洋出版社.

刘鹰，2011. 海水工业化循环水养殖技术研究进展［J］. 中国农业科技导报，13（5）：50-53.

罗国芝,朱泽闻,2008. 我国循环水养殖模式发展的前景分析 [J]. 中国水产 (2):75-77.

罗国芝,谭洪新,施正峰,等,1999. 泡沫分离技术在水产养殖水处理中的应用 [J]. 水产科技情报 (5):202-206.

曲克明,杜守恩,崔正国,2018. 海水工厂化高效养殖体系构建工程技术 [M]. 北京:海洋出版社.

任效忠,张倩,姜恒志,等,2021. 单通道方形海水养殖池基于流场均匀性的结构优化研究 [J]. 海洋环境科学,40 (2):287-293.

任效忠,2021. 工程水动力学的研究与应用 [M]. 北京:中国农业出版社.

宋奔奔,吴凡,倪琦,等,2011. 封闭循环水养殖中曝气系统设计及曝气器的选择 [J]. 渔业现代化 (3):6-10.

孙大川,吴嘉敏,2008. 泡沫分离器在循环水养殖系统中的水处理效果 [J]. 上海海洋大学学报,17 (1):113-117.

唐茹霞,史策,刘鹰,2018. 循环水养殖系统管理运行存在主要问题调查分析 [J]. 广东海洋大学学报,38 (1):100-106.

羊寿生,1982. 曝气的理论与实践 [M]. 2版. 北京:中国建筑工业出版社.

于林平,薛博茹,任效忠,等,2020. 单进水管结构对单通道矩形圆弧角养殖池水动力特性的影响研究 [J]. 大连海洋大学学报,35 (1):134-140.

于向阳,刘鹰,张延青,2005. 影响海水养殖系统中泡沫分离器效果的因素 [J]. 水产科学,24 (9):3.

张黎黎,韩厚伟,陈娟,等,2015. 大西洋鲑工业化封闭循环水养殖关键技术研究与应用 [J]. 中国科技成果,20:40-41.

张文林,2018. 曝气脱除水中 CO_2 的策略优化与模型研究 [D]. 西安:西安建筑科技大学.

张宇雷,倪琦,刘晃,等,2020. 挪威大西洋鲑鱼工业化养殖现状及对中国的启示 [J]. 农业工程学报,36 (8):6.

张宇雷,倪琦,刘晃,2010. 基于间歇非稳态方法的溶氧装置增氧能力检测 [J]. 农业工程学报 (11):145-150.

张宇雷,倪琦,徐皓,等,2008. 低压纯氧混合装置增氧性能的研究 [J]. 渔业现代化,35 (3):1-5.

朱松明,2006. 循环水养殖系统中生物过滤器技术简介 [J]. 渔业现代化 (2):16-18.

Brookman R M, Lamsal R, Gagnon G A, 2011. Comparing the formation of bromate and bromoform due to ozonation and UV-TiO2 oxidation in seawater [J]. Journal of Advanced Oxidation Technologies, 14:23-30.

Colt J, Cryer E, 2000. Ozone [C] //. Stickney R R. Encyclopedia of Aquaculture. New York: John Wiley & Sons, Inc.

Colt J, Lamoureux J, Patterson R, et al., 2006. Reporting standars for biofilter performance studies [J]. Aquacultural Engineering, 34 (3):377-388.

Costello M J, 2009. The global economic cost of sea lice to the salmonid farming industry [J]. Journal of Fish Diseases, 32:115-118.

Duarte S, Reig L, Masalo I, et al., 2011. Influence of tank geometry and flow pattern in fish distribution [J]. Aquacultural Engineering (44):48-54.

Edsall D A, Smith C E, 1991. Communications: Effect of oxygen supersaturation on rainbow trout fed with demand feeders [J] . The Progressive Fish-Culturist, 53: 95-97.

Emerson K, Russo R C, Lund R E, et al. , 1975. Aqueous ammonia equilibrium calculation effect of pH and temperature [J] . J Fish Res Bd Can, 32: 2379-2383.

Goodbrand L, Abrahams M V, Rose G A, 2013. Sea cage aquaculture affects distribution of wild fish at large spatial scales [J] . Canadian Journal of Fisheries and Aquatic Sciences, 70: 1289-1295.

Gorle J M R, Terjesen B F, Summerfelt S T, 2018. Hydrodynamics of octagonal culture tanks with Cornell-type dual-drain system [J] . Computers and Electronics in Agriculture, 151: 354-364.

Gorle J M R, Terjesen B F, Summerfelt S T, 2019. Hydrodynamics of Atlantic salmon culture tank: Effect of inlet nozzle angle on the velocity field [J] . Computers and Electronics in Agriculture, 158: 79-91.

Hu Y, Ni Q, Wu Y, et al. , 2011. Study on CO_2 removal method in recirculating aquaculture waters [J] . Procedia Engineering (15): 4780-4789.

Johnson S K, 2000. Disinfection and sterilization [C] // Stickney R R. Encyclopedia of Aquaculture. New York: John Wiley & Sons, Inc.

Liu Y, Liu B L, Lei J L, et al. , 2017. Numerical simulation of the hydrodynamics within octagonal tanks in recirculating aquaculture systems [J] . Chinese Journal of Oceanology and Limnology, 35 (4): 912-920.

Lygren B, Hamre K, Waagb R, 2000. Effect of induced hyperoxia on the antioxidant status of Atlantic salmon *Salmo salar* L. fed three different levels of dietary vitamin E [J] . Aquaculture Research, 31 (4): 401-407.

Martin A M, 1992. The marin aquarium reference systems and Invertebrate [M] . USA: Green Turtle Publication: 272-286.

Martins C I M, Eding E H, Verdegem M C J, et al. , 2010. New developments in recirculating aquaculture systems in Europe: A perspective on environmental sustainability [J] . Aquacultural Engineering, 43: 83-93.

Masalo I, Oca J, 2014. Hydrodynamics in a multivortex aquaculture tank: Effect of baffles and water inlet characteristics [J] . Aquacultural Engineering (58): 69-76.

Nistad A A, 2020. Current and future energy use for Atlantic salmon farming in recirculating aquaculture systems in Norway [D] . Norway: Norwegian University of Science and Technology.

Oca J, Masalo I, 2013. Flow pattern in aquaculture circular tanks: influence of flow rate, water depth, and water inlet & outlet features [J] . Aquacultural Engineering (52): 65-72.

Person-Le Ruyet J, Pichavant K, Vacher C, et al. , 2005. Effects of O_2 Supersaturation on metabolism and growth in juvenile turbot (*Scophthalmus maximus*) [J] . Aquaculture: 373-383.

Plew D R, Klebert P, Rosten T W, et al. , 2015. Changes to flow and turbulence caused by different concentrations of fish in a circular tank [J] . Journal of Hydraulic Research (53): 364-383.

Ritola O, Tossavainen K, Kiuru T, et al. , 2002. Effects of continuous and episodic

hyperoxia on stress and hepatic glutathione levels in one-summer-old rainbow trout (*Oncorhynchus mykiss*) [J]. Journal of Applied Ichthyology, 18 (3): 159-164.

Summerfelt S T, Edward M J, 1997. Recent advances in water treatment Process to intensify fish production in large recirculating systems [C] // Timmons M B, Losordo T. Aquacultural Engineering Society Proceedings Ⅲ: Advances in Aquacultural Engineering. Ithaca, New York: Cornell University: 350-367.

Summerfelt S T, Vinci B J, Piedrahita R H, 2000. Oxygenation and carbon dioxide control in water reuse systems [J]. Aquacultural Engineering, 22 (1-2): 87-108.

Tango M S, Gagnon G A, 2003. Impact of ozonation on water quality in marine recirculation systems [J]. Aquaculture Engineering, 29: 125-137.

Venegas P A, Narváez A L, Arriagada A E, et al., 2014. Hydrodynamic effects of use of eductors (Jet-Mixing Eductor) for water inlet on circular tank fish culture [J]. Aquacultural Engineering, 59: 13-22.

上海海圣生物实验设备有限公司

上海海圣生物实验设备有限公司成立于 1997 年 11 月 20 日，是一家从事水生物设备制造的专业生产型企业，获得国家高新技术企业认定，专为各科研院所、高校、企业等度身设计、制造水生物实验养殖系统。

海圣制造的水生物养殖系统应用场景广泛，适用于水产养殖、科学实验、珍稀动物抢救救护、增殖放流、水族工程、酒店超市等，针对用户的不同需求，提供一站式的系统解决方案。

已完成的案例有：中国长江三峡集团有限公司中华鲟研究所、上海市长江口中华鲟自然保护区管理处、中国科学院水生生物研究所、中国科学院动物研究所、中国科学院脑科学与智能技术卓越创新中心（神经科学研究所）、中国水产科学研究院、福建省淡水水产研究所、四川省农业科学院水产研究所、西藏自治区农牧科学院水产科学研究所、九江市水产科学研究所、华中农业大学、福建省医学科学研究院、自然资源部第三海洋研究所、浙江省化工研究院、成都市动物疫病预防控制中心、北京大学、复旦大学、上海海洋大学、宁波出入境检验检疫局、安琪酵母股份有限公司等。

海圣制造的水生物养殖系统型号齐全，可以满足不同科研、生产需要，具有完整且独立的循环系统以提供良好的水质，淡、海水养殖均可使用，并配有恒温设备可以根据不同研究需要调节水温。

海圣拥有完善的售后服务体系，在全国多地设有售后网点，提供 7×24 小时联系方式，保修期内免费上门维修，在接到报修后，48 小时内派人到达现场。定期回访及维护设备，积极听取用户反馈意见并及时处理，终身提供技术支持及配件。

海圣生物在服务用户的同时，不断吸收国内外的先进技术，积极完善生产工艺，获得多项专利。同时，在行业内率先通过了 ISO9001：2015 质量管理体系认证、ISO14001：2015 环境管理体系认证、ISO45001：2018 职业健康安全管理体系认证、GB/T 27922—2011 商品售后服务体系认证、GB/T 29490—2013 知识产权管理体系认证、ISO/IEC27001：2013 信息安全管理体系认证，使用的养殖设备无毒无害，产品质量有保证！

图书在版编目（CIP）数据

陆基工厂化循环水养殖技术模式/全国水产技术推
广总站组编 . —北京：中国农业出版社，2022.9（2024.7 重印）
（绿色水产养殖典型技术模式丛书）
ISBN 978-7-109-29955-9

Ⅰ.①陆…　Ⅱ.①全…　Ⅲ.①循环水－工业化养殖－
水产养殖　Ⅳ.①S96

中国版本图书馆 CIP 数据核字（2022）第 162091 号

中国农业出版社出版
地址：北京市朝阳区麦子店街 18 号楼
邮编：100125
策划编辑：王金环
责任编辑：肖　邦　王森鹤　文字编辑：杜　婧
版式设计：杜　然　责任校对：周丽芳
印刷：北京通州皇家印刷厂
版次：2022 年 9 月第 1 版
印次：2024 年 7 月北京第 4 次印刷
发行：新华书店北京发行所
开本：700mm×1000mm　1/16
印张：10.5　插页：6
字数：220 千字
定价：58.00 元

循环水养殖圆形池

工厂化苗种养殖场（湖北）

工厂化循环水养殖车间

工厂化循环水养殖石斑鱼（东营）

工厂化循环水养殖石斑鱼（海南）

工厂化养殖车间（四川）

海水工厂化养殖名贵石斑鱼——东星斑

建设中的工厂化循环水养殖车间1

建设中的工厂化循环水养殖车间2

陆基工厂化循环水养殖企业鸟瞰图

陆基工厂化循环水养殖设计效果图1

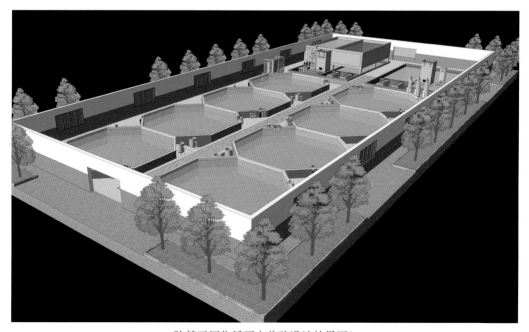

陆基工厂化循环水养殖设计效果图2

某工厂化循环水养殖园区设计效果图

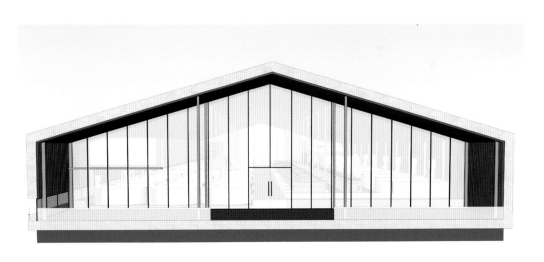

某水产苗种工厂化繁育车间设计效果图

现代化工厂化循环水养殖园区设计效果图1

现代化工厂化循环水养殖园区设计效果图2